# ゼータの冒険と進化

現代数学社

黒川信重

# まえがき

　現代数学の重要なテーマにゼータの研究があります．ゼータとは，本来は，オイラーやリーマンによる素数のまとめ上げの研究から出発したものです．現代数学では，素数に結びついていない対象についてもゼータを考えることもしばしばあります．至る所にゼータがある状態と言えます．これは，むしろ，ゼータのあるところに現代数学の研究がある，と言ったほうが実状を表わしているでしょう．つまり，現代数学の主要なテーマは，新たなゼータの開拓・研究なのです．まさしく，ゼータの冒険です．

　本書では，できる限り素朴な視点から，現代数学に現れるいろいろなゼータを見ることにしました．ゼータを考える場も，群・環・空間・スキーム・保型形式・ガロア表現・絶対スキーム・・・と拡大してきました．オイラー積に関連して，素朴な玉河数も紹介します．多様なゼータを見ながら『数学研究とは適切なゼータを発見すること』という格言を身につけてください．何かの調べ物をするときも，『適切なゼータは？』と問いかけてみると有効です．

　もちろん，ゼータの問題として有名な『リーマン予想』は常に関心の中心に存在していますので，詳しく扱っています．数学最大の難問と呼ばれるリーマン予想は，リーマンが1859年に提出して以来，今年で155年になります．この未解決問題を巡っては，さまざまな挑戦が行われ，敗れ去ってきました．人類には解けないので公理にしよう，という意見もあるほどです．自分が解けることが約束されるなら，悪魔に魂を売っても良い，という冗句も有名です．リーマン予想にも，絶対リーマン予想・量子リーマン予想・深リーマン予想という仲間も増え，見晴らしが良

*i*

くなってきました．ゼータにすると，絶対ゼータ・量子ゼータ・超収束ゼータ，ということになります．

　リーマン予想まで解けなくても，ゼータの解析接続や関数等式等からでも，長い間未解決だった問題・予想が解決されてきています．フェルマー予想や佐藤テイト予想の解決は，その代表的なもので，『適切なゼータ』の発見が鍵でした．新たなゼータを発見し活用すれば，さらなる研究進展が望めます．本書では，絶対ゼータ・数力という21世紀になってから発見され，まだ10年も経っていないゼータも紹介します．ゼータもどんどん進化しているのです．

　読者の方々には，ゼータの来た道を見て，これからの進むべき道の判断に役立てていただければ幸いです．きっと，現代数学で希求されるゼータに辿り着かれることでしょう．旅の成果を祈ります．

　　　　2014年8月16日〔第八リーマン予想日〕　　　黒川信重

# Contents

まえがき ..................................................................... i

## 第1章　ゼータと予想と現代数学 ........................................ 1
はじめに ..................................................................... 1
1.1　ゼータとは ........................................................... 2
1.2　現代数学と予想 ..................................................... 5
1.3　ゼータと予想 ........................................................ 7
1.4　解ける予想の枯渇 .................................................. 11

## 第2章　素朴なゼータ .................................................. 14
2.1　素朴なゼータ ...................................................... 14
2.2　ゼータのはじまり：オレーム1350年頃 ........................ 16
2.3　ゼータの発展：オイラー18世紀 .................................. 18
2.4　素数のゼータ ...................................................... 23

## 第3章　群とゼータ ..................................................... 29
3.1　群のゼータ ......................................................... 29
3.2　具体例 .............................................................. 30
3.3　リーマン予想の類似 .............................................. 34
3.4　解析性 .............................................................. 38
3.5　群のゼータの歴史から ........................................... 40
3.6　群のいろいろなゼータ ........................................... 43

## 第4章　代数群のゼータ ................................................ 46
4.1　代数群とは ......................................................... 46

| | | |
|---|---|---|
| 4.2 | 乗法群 | 47 |
| 4.3 | 一般線形群 | 48 |
| 4.4 | シンプレクティック群 | 49 |
| 4.5 | 楕円曲線とアーベル多様体 | 51 |
| 4.6 | 合同ゼータ | 51 |
| 4.7 | ハッセゼータ | 52 |
| 4.8 | 絶対ゼータ | 53 |
| 4.9 | 乗法群のゼータ | 54 |
| 4.10 | 特殊線形群のゼータ | 58 |

## 第5章　ゼータと素朴な玉河数　　61

| | | |
|---|---|---|
| 5.1 | 玉河数とは | 61 |
| 5.2 | 空からの眺め | 63 |
| 5.3 | 特殊線形群の素朴な玉河数 | 65 |
| 5.4 | 2次の直交群の素朴な玉河数 | 66 |
| 5.5 | 楕円曲線の素朴な玉河数 | 70 |
| 5.6 | 代数群でない場合の素朴な玉河数 | 73 |
| 5.7 | 深リーマン予想 | 75 |

## 第6章　群と表現のゼータ　　78

| | | |
|---|---|---|
| 6.1 | 群と表現 | 78 |
| 6.2 | ゼータ | 79 |
| 6.3 | 基本群 $\mathbb{Z}$ のときの例 | 80 |
| 6.4 | 基本群 $\mathbb{R}$ のときの例 | 81 |
| 6.5 | 離散型ゼータ | 82 |
| 6.6 | 連続型ゼータ | 87 |
| 6.7 | ゼータの使い方 | 91 |
| 6.8 | ゼータの変形版 | 92 |

## 第 7 章　環のゼータ　　95

- 7.1　環のゼータとは　　95
- 7.2　環のゼータへの道　　98
- 7.3　環のゼータの面白さ　　100
- 7.4　環のゼータの行列式表示　　101
- 7.5　環のゼータの難しさ　　104
- 7.6　ラングランズ予想　　104
- 7.7　どちらが先か？　　106
- 7.8　基本群の問題　　107
- 7.9　絶対数学の視点　　109
- 7.10　環のゼータの育成　　110

## 第 8 章　ゼータと分解・統合　　112

- 8.1　分解ということ　　112
- 8.2　ゼータの分解と統合　　114
- 8.3　オイラー積の超収束　　116
- 8.4　素数と原子　　117
- 8.5　素数の超分解　　119
- 8.6　素数ゼータの分解　　121
- 8.7　ゼータの分解・統合から素数公式へ　　121
- 8.8　ゼータの行列式表示から見た分解　　122
- 8.9　絶対ゼータの分解・統合　　122
- 8.10　ゼータの分解・統合の教訓　　123

## 第 9 章　ゼータと量子化・古典化　　125

- 9.1　量子化と古典化　　125
- 9.2　有限体　　127
- 9.3　古典化　　129

- 9.4 仮想表現 ……………………………………………… *130*
- 9.5 量子ゼータと古典ゼータ …………………………… *134*
- 9.6 量子化 …………………………………………………… *136*
- 9.7 リーマン予想の証明へ ……………………………… *137*

## 第 10 章　ゼータと長期計画 …………………………… *140*
- 10.1 ゼータの最初の長期計画：グロタンディーク …… *140*
- 10.2 ゼータ長期計画候補 ………………………………… *141*
- 10.3 ベル研究所の長期計画 ……………………………… *143*
- 10.4 研究評価問題 ………………………………………… *144*
- 10.5 植物の長期研究 ……………………………………… *146*
- 10.6 日本における数学成果の発表 ……………………… *148*
- 10.7 日本の数学の長期計画例 …………………………… *149*
- 10.8 長期計画の実行と不正 ……………………………… *149*
- 10.9 反重力の夢 …………………………………………… *152*
- 10.10 今後 50 年という期間 ……………………………… *153*

## 第 11 章　ゼータと誘導表現 …………………………… *155*
- 11.1 誘導表現のありがたさ ……………………………… *155*
- 11.2 誘導表現とは ………………………………………… *157*
- 11.3 保型形式 ……………………………………………… *160*
- 11.4 誘導表現の使い方 …………………………………… *162*
- 11.5 絶対ゼータの位置 …………………………………… *164*
- 11.6 誘導表現の分解 ……………………………………… *165*
- 11.7 誘導表現のゼータに関する歴史的論文 …………… *166*
- 11.8 誘導表現と有限群の既約表現 ……………………… *170*

## 第12章　ゼータの真の名前 ······ 172
- 12.1　リーマンゼータの名称問題 ······ 172
- 12.2　保型形式のゼータは正しい名前か ······ 176
- 12.3　ガロア表現という名前 ······ 178
- 12.4　セルバーグゼータという模範 ······ 179
- 12.5　ゼータという名前はどうか ······ 182
- 12.6　分配関数という名前 ······ 184
- 12.7　数力 ······ 185

## 第13章　ゼータの旅立ち：リーマン予想の解き方 ······ 186
- 13.1　第13章という意味 ······ 186
- 13.2　リーマン予想を解く作法 ······ 191
- 13.3　リーマン予想を解く前に ······ 192
- 13.4　リーマン予想を解いたとき ······ 194
- 13.5　リーマン予想の解き方 ······ 195
- 13.6　リーマン予想が解けて ······ 198

付録：絶対数学歌 ······ 200

あとがき ······ 202

索引 ······ 203

# 第1章
# ゼータと予想と現代数学

## はじめに

　本書の目的は，ゼータと現代数学との関連をいくつかの側面から見たい，というものです．

　ゼータ（通常は「ゼータ関数」と呼ばれることが多いですが，短縮することや愛称のために「ゼータ」も使うことにします）は素数分布論を起源として数論において重要な役割を果たしてきました．とくに，高木貞治による類体論やラングランズによる非可換類体論（ラングランズ予想・ラングランズ哲学）に必須となっています．またゼータにおける最大の難問「リーマン予想」を解明する努力のなかから数多くの研究分野が誕生してきました．ゼータが数学を発展させて来たと言っても過言ではないでしょう．

　ゼータによって，1974年のラマヌジャン予想の証明，21年後の1995年のフェルマー予想の証明，それから16年後の2011年の佐藤・テイト予想の証明が達成されました．リーマン予想の証明は完了していませんが，副産物として「絶対数学」のような21世紀に大きな影響を与えるものを生んでいます．絶対数学は，最近のabc予想の研究にも現れています．

　また，ゼータは，数論だけではなく，代数学におけるゼータ，幾何学におけるゼータ，解析学におけるゼータ，物理学におけるゼータ，…というように，膨大な領域で活躍しています．

　もちろん，ゼータと現代数学にも光と影があります．現代数学が21

世紀において，過去の栄光を取り戻せるのかどうかも未定です．

筆者の力量と好みからすると，数論が中心にならざるを得ないでしょうが，現代数学とゼータのかかわりの一端を伝えられたらと願っています．

本章はゼータと予想と現代数学の関係について概説します．

## 1.1 ゼータとは

ゼータは1737年のオイラーの論文にて誕生したと言えます．それは，現在，リーマンゼータと呼ばれている関数に対して，オイラー積表示を与えたものです．これによって，通常は，自然数に関する和になっているものを素数に関する積として表示することができ，自然数の素因数分解表示がゼータにうまくとりこめたことになります．

このオイラーの研究以降，ゼータは素数の研究からの視点が強くなってきます．オイラーの研究からちょうど百年後の1837年にディリクレが算術級数の素数定理（等差数列内の素数分布定理）を証明しました．ディリクレはそのために，素数をいろいろにまとめ上げる「ディリクレL」というゼータを導入しました．これで，ゼータの世界は無限個からなる豊穣なものになりました．

そして，1859年に至って，リーマンによる素数分布の精密な研究が行われました．その特徴は，「素数全体」と「ゼータの零点と極全体」が対応しているという驚くべき発見です．これは，素数分布の明示公式と呼ばれています．その結果，残された問題として，「ゼータの虚の零点の実部はすべて1/2であろう」という「リーマン予想」が出てきたわけです．

リーマン予想は2014年で，155年目になりますが，数学の最大難問

として有名です．リーマン予想は問題自身が興味深いことはもちろんですが，注目されることは，20世紀数学の重大な発展はリーマン予想に向けての研究によるところがとても大きいことです．つまり，予想からの派生効果の大きさです．リーマン予想とそこからの派生については，参考文献の [1] [2] [3] [4] [5] [7] [9] [10] を参照してください．

特に，合同ゼータのリーマン予想の解決（ドリーニュ：1974 年）に向かって，グロタンディークを中心とするスキーム論者によってなされた代数幾何学における空間概念の革新（1960 年代に大発展し，EGA シリーズや SGA シリーズなどの関連論文は 1 万ページに及ぶ）はフェルマー予想と佐藤・テイト予想の解決はもとより，多方面に深く影響を与えました．

もう一つは，セルバーグゼータのリーマン予想の証明（セルバーグ：1950 年代）に関連してなされたリー群上の調和解析学の革新です．ここでは，双対性の結晶である「セルバーグ跡公式」を核とする群の表現論が発展しました．これによって，セルバーグゼータの零点や極が群の既約表現と対応することが明確になりました．

ゼータ研究から発展したスキーム論とセルバーグ跡公式は，ともに，数学のみならず物理学等にも影響を与えています．さらに，リーマン予想の類似が証明されているのは，現在まで，この二つの場合なのですが，そのどちらの場合でもゼータの行列式表示・零点の固有値解釈がリーマン予想証明の鍵となっていたことが顕著なことです．

このように，ゼータはリーマン予想の研究を中心に発展してきたと言えます．その発展のなかに現れたたくさんのゼータたちが次の発展をもたらすことになってきます．それが，ラマヌジャン予想の証明（ドリーニュ：1974 年），フェルマー予想の証明（ワイルズとテイラー：1995 年），佐藤・テイト予想の証明（テイラー達：2011 年）等の成果です．もちろん，それと同時に，リーマン予想を考えるゼータも無限に広がっ

てきている，ということになります．

　ゼータの活躍の場は数論だけでなく，代数学，幾何学，解析学に広がっています．合同ゼータは代数幾何学におけるゼータですし，セルバーグゼータはリーマン多様体におけるゼータです．解析学におけるゼータとしては，種々の作用素のスペクトルゼータがあります．それらは，たとえば，リーマン多様体のセルバーグゼータがラプラス作用素やディラック作用素のスペクトルゼータに密接に関連していて，セルバーグゼータの零点や極がラプラス作用素やディラック作用素のスペクトル（固有値）としての解釈をもたらし，さらには，セルバーグゼータのリーマン予想の解決に至る，というストーリーになっています．

　また，ゼータは数学だけでなく，物理学などでも必須なものになっています．それは，物理学で重要な分配関数（状態和）がゼータと深く関連していることに典型的に表れています．数学におけるゼータと物理学における分配関数の関連につきましては，参考文献の[4]を参照してください．数学におけるゼータの重要性については数学関係者には明らかなことです．全く同じく，物理学における分配関数の重要性については，物理学関係者には当然過ぎて言うまでもないこと，となっているようです．物理学とは分配関数を求めることである，ということを初等中等教育の頃から指摘してもらうと，誤解がなくなるのでしょう．たとえば，通常，水は0℃で氷になり，100℃で水蒸気になるというようなことも，水の分配関数を計算すれば，原理的に証明することが可能となるはずです．

　物理学におけるゼータの役割としては，さまざまな「繰り込み」（正規化）を行なうときに使用することも重要なものです．たとえば，量子力学におけるカシミール力（カシミール・エネルギー；1948年にカシミールが提案）を計算するときに用いる正規化の結果，ゼータの負の整数における値（解析接続しないままだと，普通発散している）となることが

あげられます．カシミール・エネルギーはダーク・エネルギーの候補にもなっています．カシミール力については，参考文献の [8] を見てください．

きっと，「物理学とは分配関数を求めること」に対応して「数学とはゼータを求めること」と思っても良いのでしょう．もちろん，その場合の『ゼータ』とは適切に解釈され定式化されていないといけません．

すると問題は『適切なゼータとは何か』ということになります．数学における予想や問題が解けないことの原因は適切なゼータが導入されていないことにある，というのも言いすぎではないのかも知れません．それは，abc 予想のようにあまりゼータが使われては来なかった問題の場合にも考えられるでしょうし，やや逆説的には，リーマン予想の場合には適切なゼータが導入されていない，ということも充分熟慮すべきことです．

リーマン予想の状況は，量子論で言いますと，ちょうど 100 年前の 1913 年にニルス・ボーアが水素スペクトルのバルマー系列 (バルマーが 1885 年に発見) を初期量子論で解明した頃に当たるのでしょう (参考文献の [2] 参照)．ゼータの零点は発見され精密に計算されていますので，その説明の段階です．なお，1913 年にはゼータの零点に関する重要な研究がニルス・ボーアの弟のハラル・ボーアによって同時になされていました．その様子につきましては，参考文献の [4] を参照してください．

## 1.2 現代数学と予想

数学における予想が，日常生活において使用される「予想」というものとは意味合いがかなり異なっていることは，誰もが知っていることでしょう．通常の「予想」という用語は，それほど深い考えなしに使われ

ることも多いように見えてしまいますが，数学における予想は充分な背景と考察の後に，目標物として構築されるものです．念のために触れますと，「・・・予想」と「・・・問題」の違いははっきりしませんが，予想は「定評のある問題」くらいに思えば良いでしょう．

現代数学における目標のいくつかは未解決予想を解明することに設定されていることは間違いありません．そして，個人単位で言えば，数年から数十年で運良く解決ということになります．その解決論文は数学専門誌に投稿され，厳密な査読後に出版される，ということになります．もちろん，その予想の解決年とはその解決論文の掲載された数学専門誌が出版された年ということになります．

たとえば，フェルマー予想の解決論文は1995年出版のAnnals of Mathematicsに掲載されました（論文は，ワイルズによる単著およびテイラーとワイルズの共著の二つからなる）ので1995年解決ということになります．ワイルズが解決を最初に宣言したのは1993年6月でした．その間違いが見つかって一年半迷走したことは誰でも知っていることです．また，1994年の秋に間違いがテイラー（ワイルズの元学生）の協力で修正されたことも有名です．このようなことから，フェルマー予想の解決年には1995年と1994年が混在している（さすがに，1993年はなさそう）状況ですが，客観的に見れば出版された解決論文しか判定のしようがありません．数学者なら良く知っていることですが，投稿された論文が変更なしに出版されることはまず有り得ません．

最近の話題としては望月新一京都大学数理解析研究所教授によるabc予想の証明（正否は現在のところ未定）があります．abc予想につきましては，参考文献の[1]および[6]を参照してください．望月教授は一元体を基本とする絶対数学の考え方を用いて2000年頃から研究をされてきました．絶対数学はリーマン予想の研究においても重要です．参考文献の[1][3]を参照してください．

数論関係の予想は既に触れましたので，他の分野から有名なものを選ぶとしますと，普通，ポアンカレ予想が上げられます．テレビや新聞などのマスコミでも話題になったのもそう昔ではありません．もちろん，問題解決というならその年はいつなのか，つまり，問題を解決した論文は査読を経て何年にどこに出版されているのか，等々，疑問は尽きません．困ったことです．

数学者（個人としても集団としても）は長年にわたって未解決問題を追い続ける奇妙な人たちである，という面からの光のあてかたに数学者が疑問を感じるのは当然ですが，一般の人たちから見ると，何十年も同じ問題を考え続ける神経が知れない，というのも率直なところでしょう．それは，しょうがないとは思いますが，「予想が解決された」ということくらいは一般人に説明できるように，その定義を数学関係者ならはっきり認識しておきたいものです．

現代数学における予想の意義は，まずは，研究目標としてのシンボリカルな意味が大きいですが，他には，その研究の途上にて，予想を新設したり，既存の予想に関連付けたりといった横道や発展がおもしろいものであることも確かです．この点は徐々に例を見て行きたいと思います．

## 1.3　ゼータと予想

ゼータと予想の関連は，既述のように，リーマン予想が中心となっています．まとめの意味で，リーマン予想を含めて，ゼータと予想のいくつかを列挙しておきます．

個々の予想の詳細は別の折に回したいと思います．一応，解決済みかどうかを書いておきましょう．解決済みの場合の年は，もちろん，解

決論文が出版された年を指しています．

(a) リーマン予想［未解決］

(b) フェルマー予想［1995 年に解決済］

(c) 谷山予想［2001 年に解決済］

(d) ラマヌジャン予想［1974 年に解決済］

(e) 佐藤・テイト予想［2011 年に解決済］

(f) バーチ・スインナートンダイヤー予想（BSD 予想）［未解決］

(g) アルチン予想［未解決］

(h) ラングランズ予想［未解決］

(i) 深リーマン予想［未解決］

ここでは，簡単な紹介のみをしておきましょう．この連載でも後に詳しく解説できる機会があると思います．(a) と (b) は良いでしょう．

(c) の「谷山予想」は谷山豊が 1955 年に日光研究集会で提出した予想で，楕円曲線のゼータは正則保型形式のゼータに一致するだろうという予想です．思い出しておきますと，フェルマー予想は，谷山予想のかなりの場合（楕円曲線のコンダクターが平方因子なしの場合）をワイルズとテイラーが証明したので解決した，というストーリーになっていました．詳しくは，いずれ見ることにしましょう．谷山予想は 2001 年にテイラー達によって完全に証明されました．

(d) の「ラマヌジャン予想」はラマヌジャンが 1916 年に提出した予想（その根拠は手計算による数値実験）で，正則保型形式の素数番目のフーリエ係数（ヘッケ作用素の固有値）の絶対値を上から評価する予想です．このラマヌジャン予想は，1974 年にドリーニュが合同ゼータのリーマン予想（特に，ヴェイユ予想と呼ばれていた）を証明することに

よって，同時に証明されました．その事情は，ラマヌジャン予想がヴェイユ予想に帰着するということ（最終的にはこのこともドリーニュ）が証明済みだったからです．

(e) の「佐藤・テイト予想」は 1963 年に佐藤幹夫がコンピューターによる数値実験によって定式化した予想で，翌年にテイトがゼータからの解釈を与えたものです．内容は，(d) のラマヌジャン予想の先の予想であり，素数番目のフーリエ係数（ヘッケ作用素の固有値）の大きさを素数全体にわたらせた分布の予想です．佐藤・テイト予想の証明は 2011 年出版の論文（参考文献 [11]）にてテイラー達四人組によってなされ，専門家の間の大ニュースとなりました．それは，ワイルズと彼の元学生のテイラーによって 1995 年に完了したフェルマー予想の証明を「百倍」ほどに拡大したものです．そこで用いられることは，正則保型形式から対称テンソル表現によって構成される無限個のゼータが良い解析的性質を持つということです．フェルマー予想のときには，正則保型形式（楕円曲線）の標準的なゼータ 1 個を見ればよかったのです．ただし，フェルマー予想の証明と佐藤・テイト予想の証明に見られる方針「ガロア表現のゼータを保型表現のゼータによって記述し応用する」は驚くべき成果を挙げていることは確かですが，必ずしも最終的な解決法とは思われません．たとえば，マースの保型形式（波動形式）から対称テンソル表現によって構成される無限個のゼータが良い解析的性質を持つということは，(h) のラングランズ予想の一部に含まれることで，佐藤・テイト予想の場合（正則保型形式の場合）のように，当然証明されて良いことですが，未解決です．現在のところ，正則保型形式の場合のみに，対称テンソル表現によって構成される無限個のゼータが良い解析的性質を持つということの証明が完了していて，それ以外の場合にはどうすればよいか全く見通しが立っていません．数学史からみると，このような状況

は，当座の方法であったから起っていたのだということも，大いに有りうるでしょう．

(f) のバーチ・スインナートンダイヤー予想 (BSD 予想) は楕円曲線のゼータの中心での零点の位数が楕円曲線のモーデル・ヴェイユ群の階数に等しいという予想 (さらに，そこでのテイラー展開の先頭項係数を明示することまでも含む) です．バーチ・スインナートンダイヤー予想は，リーマン予想と同じく，数学七大問題の一つで未解決です．

(g) のアルチン予想はゼータ (アルチン L) の正則性の予想 (1923 年提出) です．非可換類体論の中核となる予想であり，未解決です．次のラングランズ予想とも密接に関連しています．なお，「原始根に関するアルチン予想」は別の予想です：参考文献の [1][9] を参照してください．

(h) のラングランズ予想は 1970 年にラングランズが定式化した予想で，非可換類体論予想とも呼ばれます．基本的には，$GL(n)$ の保型表現のゼータと $n$ 次元ガロア表現のゼータとが一致するというものです．その特徴は表現論を用いた壮大な体系です．単に「ラングランズ予想」だけではなく，「ラングランズ哲学」や「ラングランズ・プログラム」と呼ばれる由縁です．類体論はラングランズ予想の $n=1$ の場合になっていて，証明が完了しています．また，谷山予想は $n=2$ の場合のラングランズ予想の先駆です．フェルマー予想の証明 (ラングランズ予想で言うと $n=2$ の場合) や佐藤・テイト予想の証明 (ラングランズ予想で言うと，すべての $n$ が必要) はラングランズ予想の一部を証明したことによって達成されています．ラングランズ予想の正標数版 (関数体版) はドリンフェルト ($n=2$, 1980 年) とラフォルグ ($n$ は一般，2002 年) により証明されていて，その業績により二人ともフィールズ賞を受賞しています．代数体上の通常のラングランズ予想の証明が完了するのは相当先の

ことと考えられています．

（i）の深リーマン予想はゼータのオイラー積表示に対して，「関数等式の中心におけるオイラー積は（漸近的に）収束する」という予想で，リーマン予想より深い予想です．これからのリーマン予想研究に深い示唆を与えています．さらに，意外にも，深リーマン予想は (f) のバーチ・スインナートンダイヤー予想（BSD 予想）と密接に関連しています．深リーマン予想につきましては，詳しくは，参考文献の [1] および [5] [7] を参照してください．

## 1.4 解ける予想の枯渇

数学における予想の解け具合をざっと見てきました．予想が数学研究の原動力になっている様子が見えます．その意味で数学において予想がなくなってくることは困ったことです．

もちろん，数学において，「解けない予想」がなくなることはないでしょう．たとえば，「フェルマー素数 [（2のベキ）+1 の形の素数] やメルセンヌ素数 [（2のベキ）-1 の形の素数] が無限個存在するだろう」という予想（フェルマー素数は 3, 5, 17, 257, 65537 の5個しか発見されていませんが，メルセンヌ素数は 3, 7, 31, …, $2^{57885161}-1$ という 48 個発見されています）は興味深い予想に違いありませんが，きっと，西暦 2500 年頃にちょうど良い予想なのでしょう．従いまして，「解けそうな予想」が充分たくさん存在することが数学にとっては大切なことです．

ところで，「解けそうな予想」とは何でしょうか？上記のような，フェルマー素数やメルセンヌ素数が無限個存在することを証明する予想の場合では，いまのところ，手も足も出ない感じがします．フェルマー予想

の場合も，谷山予想（一般にはラングランズ予想）へ帰着されて，やっと「解ける」と思われたようです．ただし，それを実行しようとしたのはワイルズのみだったのですが．ワイルズはフェルマー予想が谷山予想に帰着されるというフライの発見（1985年前後）を聞いて，本格的にフェルマー予想を解こうと決心したとのことです．

「解けそうな予想」は時代によって違うことも当然です．我々の時代で見ると，今後100年くらいが目標でしょうか．参考文献の[7]は『数学セミナー』創刊50周年を記念して，今後50年くらいに適切な予想をという要望からの記事です．その内容は，素数に関する問題をリーマン予想を一歩進めた観点から見よう，というものです．それは，別の視点からすると深リーマン予想そのものです（その点につきましては，参考文献[5]の序章にわかりやすく書いてありますので，参照してください）．

「解けそうな予想」のイメージは「氷が解けそう」と思える感じと近いのではないでしょうか．地球では温暖化で段々と氷が解けると言われていますが，太陽の活動の様子などからすると寒冷化に向かっているのかも知れません．予想の場合も，実際に解けて見ないとわかりません．

予想を解くことを氷を解かすことにたとえることで言いますと，予想を作ることは氷を作ることにあたります．数学の研究がある線まで達すると突如として氷のように結晶化して，見事な予想が出来上がるというのが，歴史の教訓です．

さて，本章で見てきましたように，現代数学では，かなりの予想がつぎつぎと解けてきていますが，その割には新たな予想が出てきていないように見えますので，予想の枯渇が心配になります．予想を解くことだけではなく，予想を作ることを奨励することが必要な時代に来ているのではないでしょうか？

お湯をポットからそそぐときに，うっかりしてお湯が残り少なくなっ

てしまっていることに気づかないことがあります．現代数学が，そのような状況になっていないとは限りません．

## 参考文献

[1] 黒川信重『リーマン予想の探求：ABC から Z まで』技術評論社，2012 年 12 月刊．
[2] 黒川信重『リーマン予想の 150 年』岩波書店，2009 年．
[3] 黒川信重・小山信也『絶対数学』日本評論社，2010 年．
[4] 黒川信重・小山信也『リーマン予想の数理物理：ゼータ関数と分配関数』サイエンス社，2011 年．
[5] 黒川信重『リーマン予想の先へ』東京図書，2013 年 4 月刊行．
[6] 黒川信重・小山信也『ABC 予想入門』PHP 新書，2013 年 3 月刊行．
[7] 黒川信重「素数の問題：一歩先へ」『数学セミナー』2012 年 5 月号（創刊 50 周年記念号）．
[8] 黒川信重・若山正人『絶対カシミール元』岩波書店，2002 年．
[9] 黒川信重『オイラー，リーマン，ラマヌジャン：時空を超えた数学者の接点』岩波書店，2006 年．
[10] 黒川信重『オイラー探検：無限大の滝と 12 連峰』シュプリンガージャパン，2007 年；丸善，2012 年．
[11] T. Barnet-Lamb, D. Geraghty, M. Harris, and R.Taylor:"A family of Calabi-Yau varieties and potential automorphy II." Publ. Res. Inst. Math. Sci. 47 (2011), 29-98.

# 第2章 素朴なゼータ

ゼータから現代数学を見るにあたって，ゼータのイメージをつかんでいただくために，本章では素朴なゼータを見ておくことにします．

## 2.1 素朴なゼータ

ゼータの素朴な形は「集合」(「類」でも「圏」でも何でも良いですが) $A$ に対して

$$Z_A(s) = \sum_{a \in A} a^{-s}$$

という和です．もちろん，和の意味やべきの意味は適当 (「テキトー」というニュアンスも含みます) に考える必要があります．

たとえば，$A$ が自然数全体

$$\mathbb{N} = \{1,\ 2,\ 3,\ \cdots\}$$

のとき

$$Z_{\mathbb{N}}(s) = \sum_{n=1}^{\infty} n^{-s}$$

がリーマンゼータ $\zeta(s)$ になります．この関数 $\zeta(s)$ を $s$ を複素数で $\mathrm{Re}(s) > 1$ から複素数全体へと解析接続した関数——それも再び $\zeta(s)$ と書きます——の零点に関する予想が，リーマン (1826 – 1866) が 1859 年の論文 [1] で提出したリーマン予想です：解説としては，参考文献の [2][3][4][5][6] を参照して下さい．

ゼータ関数論において，特徴的なことは，リーマンの論文 [1] にな

らって，変数が $s$ であることです．一方，物理では，対応する状況において，変数 $\beta$ が表れます：
$$Z_H(\beta) = \sum_n e^{-\beta E_n} = \sum_n (e^{E_n})^{-\beta}.$$
これは，$\beta$ を $s$ にすると，
$$A = \{e^{E_n} \mid n\}$$
としたときの
$$Z_A(s) = \sum_n e^{-s E_n}$$
と同じものを見ています．物理の状況は，$H$ が"ハミルトニアン"，$E_n$ が"エネルギー"（$H$ の固有値），$\beta$ は
$$\beta = \frac{1}{k_B T} \quad (k_B：ボルツマン定数, \ T：絶対温度)$$
です．$Z_H(\beta)$ は（量子）物理系の「分配関数」とよばれています．とくに，$Z_H(\beta)$ の零点において相転移が起こるという重要な関数になっています．

ある種の物理系（イジング模型関係など）では，リーマン予想の類似
$$\lceil Z_H(\beta) = 0 \text{ なら } \mathrm{Re}(\beta) = 0 \rfloor$$
が成立するというリー・ヤン [7]（1952 年）による「リー・ヤンの円定理」が知られています．「円定理」の名前の由来は
$$\lceil Z_H(\beta) = 0 \text{ なら } |e^\beta| = 1 \rfloor$$
と書きかえることによって，「$\mathrm{Re}(\beta) = 0$」が「$|e^\beta| = 1$」つまり「$e^\beta$ は単位円上にある」という内容になることからきています．リー・ヤンの円定理については原論文 [7] とともに，解説本 [5]（第 3 章「分配関数の零点」）も参照してください．

なお，分配関数は，英語では partition function であり，分割数 $p(n)$ の英語名 partition function と全く同一になっていて，日本語のように「分配関数」「分割数」という区別がつきませんので，誤解が生じ

ます．このような際は，英語のような不充分になっている言語では充分に気を付けないといけません．分配関数の別名は「状態和」(state sum)で，言葉の上からは「ゼータ関数」との対応が見えにくくなってしまいますが，幸いにして，「分配関数」の方が圧倒的に使われています．記号 $Z_H(\beta)$ になぜ $Z$ が使われているのかといいますと，それは「状態和」のドイツ語 Zustandssumme (Zustand ＝状態，Summe ＝和) の頭文字が $Z$ となっているという理由です．ゼータの $Z$ と偶然にしても合っているのは，何かの符合なのでしょうか？

## 2.2 ゼータのはじまり：オレーム 1350 年頃

ゼータの起源は

$$\zeta(s) = \sum_{n=1}^{\infty} n^{-s} = 1^{-s} + 2^{-s} + 3^{-s} + 4^{-s} + 5^{-s} + \cdots$$

です．時間があるときには $1^{-s} \sim 100^{-s}$ くらいを「写経」のように書き上げると良いでしょう．もちろん，この原稿のように手書きでないと意味はありませんが．

さて，$\zeta(s)$ は 1859 年のリーマンの論文 [1]（「$\zeta(s)$」という名前も，その論文ではじめて使われましたが，リーマンの自筆原稿も [6] などで見て美しい「$\zeta(s)$」というリーマンの筆跡を鑑賞してください）にちなんで，リーマンゼータと呼び慣されていますが，歴史をさかのぼって見ますと，1350 年頃にフランスのニコラ・オレーム (1325 – 1382) が

$$\sum_{n=1}^{\infty} \frac{1}{n} = 1 + \frac{1}{2} + \frac{1}{3} + \frac{1}{4} + \frac{1}{5} + \cdots = \infty$$

を証明した，という記録があります．この辺まで，ゼータの足跡は辿れそうです．

オレームの方法は，

$$1+\frac{1}{2}+\frac{1}{3}+\frac{1}{4}+\frac{1}{5}+\cdots$$
$$=1+\left(\frac{1}{2}\right)+\left(\frac{1}{3}+\frac{1}{4}\right)+\left(\frac{1}{5}+\frac{1}{6}+\frac{1}{7}+\frac{1}{8}\right)$$
$$+\left(\frac{1}{9}+\frac{1}{10}+\frac{1}{11}+\frac{1}{12}+\frac{1}{13}+\frac{1}{14}+\frac{1}{15}+\frac{1}{16}\right)$$
$$+\cdots$$

とまとめて，

$$\frac{1}{3}+\frac{1}{4}>\frac{1}{4}+\frac{1}{4}=\frac{1}{2},$$
$$\frac{1}{5}+\frac{1}{6}+\frac{1}{7}+\frac{1}{8}>\frac{1}{8}+\frac{1}{8}+\frac{1}{8}+\frac{1}{8}=\frac{1}{2},$$
$$\frac{1}{9}+\cdots+\frac{1}{16}>\frac{1}{16}+\cdots+\frac{1}{16}=\frac{1}{2}$$

というように評価すると $\frac{1}{2}$ が無限個含まれていることになり，結局（どんどん「写経」をつづけると）

$$1+\frac{1}{2}+\frac{1}{3}+\frac{1}{4}+\frac{1}{5}+\cdots=\infty$$

となる，というスマートなものです．つまり，

$$1+\frac{1}{2}+\frac{1}{3}+\cdots+\frac{1}{2^n}\geqq 1+\frac{n}{2}$$

という下からの評価が示されています．

このオレームの結果は

$$\zeta(1)=\infty$$

を示していて，ゼータ研究の最初と考えることができるでしょう．

## 2.3 ゼータの発展：オイラー18世紀

ゼータ研究が発展したのは1700年代のオイラー (1707 – 1783) によってです．現代数学を反省するにも過去の歴史を見ることは役に立ちます．今は次の3つだけ述べておきましょう．

(I)　$\zeta(2) = \dfrac{\pi^2}{6}$, $\zeta(4) = \dfrac{\pi^4}{90}$, $\zeta(6) = \dfrac{\pi^6}{945}$ などの特殊値表示 (1735年頃)．

(II)　オイラー積表示

$$\zeta(s) = \prod_{p:素数} (1-p^{-s})^{-1}$$

の発見と応用 $\sum_{p:素数} \dfrac{1}{p} = \infty$　(1737年)．

(III)　$\zeta(0) = -\dfrac{1}{2}$, $\zeta(-1) = -\dfrac{1}{12}$, $\zeta(-2) = 0$, $\zeta(-3) = \dfrac{1}{120}$ などの総和法 (1749年頃)．

以下に各項目について簡単に解説します．

(I)　$$\dfrac{1}{1^2} + \dfrac{1}{2^2} + \dfrac{1}{3^2} + \dfrac{1}{4^2} + \cdots = \dfrac{\pi^2}{6},$$
$$\dfrac{1}{1^4} + \dfrac{1}{2^4} + \dfrac{1}{3^4} + \dfrac{1}{4^4} + \cdots = \dfrac{\pi^4}{90}$$

などを，オイラーは苦心の末に求めることに成功しましたが，その鍵となったのは三角関数 $\sin(\pi x)$ の無限積表示

$$\sin(\pi x) = \pi x \prod_{n=1}^{\infty} \left(1 - \dfrac{x^2}{n^2}\right)$$

を発見したことです．この無限積表示から

$$\frac{\sin(\pi x)}{\pi x} = 1 - \Bigl(\sum_n \frac{1}{n^2}\Bigr)x^2 + \Bigl(\sum_{n_1<n_2} \frac{1}{n_1^2 n_2^2}\Bigr)x^4 - \cdots$$

ですが，$\sin(\pi x)$ のテイラー展開

$$\sin(\pi x) = \pi x - \frac{\pi^3 x^3}{6} + \frac{\pi^5 x^5}{120} - \cdots$$

より

$$\frac{\sin(\pi x)}{\pi x} = 1 - \frac{\pi^2}{6}x^2 + \frac{\pi^4}{120}x^4 - \cdots$$

となりますので，

$$\sum_n \frac{1}{n} = \frac{\pi^2}{6}, \quad \sum_{n_1<n_2} \frac{1}{n_1^2 n_2^2} = \frac{\pi^4}{120}$$

などがわかります．後者からは

$$\sum_n \frac{1}{n^4} = \Bigl(\sum_n \frac{1}{n^2}\Bigr)^2 - 2\sum_{n_1<n_2} \frac{1}{n_1^2 n_2^2}$$
$$= \Bigl(\frac{\pi^2}{6}\Bigr)^2 - 2\frac{\pi^4}{120}$$
$$= \frac{\pi^4}{90}$$

と求まります．

（II） オイラーの発見は

$$1^{-s} + 2^{-s} + 3^{-s} + 4^{-s} + 5^{-s} + \cdots$$
$$= (1-2^{-s})^{-1}(1-3^{-s})^{-1}(1-5^{-s})^{-1} \times (1-7^{-s})^{-1}(1-11^{-s})^{-1}\cdots$$

というものです．右辺の積は素数全体 2, 3, 5, 7, 11, … にわたります．（この式も，時間があるときには 101 までの素数に関する積くらいまで「写経」すると良いでしょう．）証明は，右辺を展開すると難しくありません（ただし，左辺を分解することを発見するのはオイラーくらいでないと無理でしょう）．実際，等比級数の和の公式

$$1 + x + x^2 + x^3 + \cdots = \frac{1}{1-x}$$

を $x=2^{-s}, 3^{-s}, 5^{-s}, 7^{-s}, 11^{-s}, \cdots$ に対して用いると（収束性が気になるときには，たとえば，$s>1$ だと思ってください）

$$(1-2^{-s})^{-1}=1+2^{-s}+4^{-s}+8^{-s}+16^{-s}+\cdots,$$
$$(1-3^{-s})^{-1}=1+3^{-s}+9^{-s}+27^{-s}+81^{-s}+\cdots,$$
$$(1-5^{-s})^{-1}=1+5^{-s}+25^{-s}+125^{-s}+625^{-s}+\cdots,$$
$$(1-7^{-s})^{-1}=1+7^{-s}+49^{-s}+343^{-s}+2401^{-s}+\cdots,$$
$$(1-11^{-s})^{-1}=1+11^{-s}+121^{-s}+1331^{-s}+14641^{-s}+\cdots$$

などを掛け合わせると，見事に

$$\prod_p (1-p^{-s})^{-1} = \sum_n n^{-s}$$

が出ますので確かめてください．要点は「自然数が素数のべきの積で一通りに書ける」という素因数分解の一意性です．

オイラーは，この等式（オイラー積表示）の対数をとり $s\to 1$ とすることによって，オレームの結果 $\sum_n \dfrac{1}{n}=\infty$ から $\sum_p \dfrac{1}{p}=\infty$（オイラーの記号では $\sum_p \dfrac{1}{p}=\log\log\infty$）を発見しました．このオイラーの研究（1737 年）が素数とゼータの長いつきあいのはじまりです．

(Ⅲ)　オイラーの計算は

$$\text{``}1^0+2^0+3^0+4^0+\cdots=-\frac{1}{2}\text{''}$$
$$\text{``}1^1+2^1+3^1+4^1+\cdots=-\frac{1}{12}\text{''}$$
$$\text{``}1^2+2^2+3^2+4^2+\cdots=0\text{''}$$
$$\text{``}1^3+2^3+3^3+4^3+\cdots=\frac{1}{120}\text{''}$$
$$\text{``}1^4+2^4+3^4+4^4+\cdots=0\text{''}$$

などです．この計算を行う際に，オイラーは積分を用いた"オイラー総

和法"を導いて，上のような"発散級数の和"を求めています．標語的に言いますと"無限大の繰り込み"を行っていることになります．詳しくは，参考文献 [2] を参照してください．

たとえば，$\mathrm{Re}(s) > -3$ なるすべての複素数に対して

$$\zeta(s) = \lim_{N \to \infty} \left\{ \sum_{n=1}^{N} n^{-s} - \left( \frac{N^{1-s}}{1-s} + \frac{1}{2} N^{-s} - \frac{s}{12} N^{-s-1} \right) \right\}$$

となり，とくに

$$\zeta(0) = \lim_{N \to \infty} \left\{ \sum_{n=1}^{N} n^0 - \left( N + \frac{1}{2} \right) \right\} = -\frac{1}{2},$$

$$\zeta(1) = \lim_{N \to \infty} \left\{ \sum_{n=1}^{N} n^1 - \left( \frac{N^2}{2} + \frac{N}{2} + \frac{1}{12} \right) \right\} = -\frac{1}{12},$$

$$\zeta(-2) = \lim_{N \to \infty} \left\{ \sum_{n=1}^{N} n^2 - \left( \frac{N^3}{2} + \frac{N^2}{2} + \frac{N}{6} \right) \right\} = 0$$

などとなります．基本は，和を積分によって近似するという考えです．

もう少し安直な求め方としてオイラーは，べき級数の和を使う，次の方法も行っています．まず，

$$\sum_{n=1}^{\infty} (-1)^{n-1} n^{-s} = (1^{-s} + 2^{-s} + 3^{-s} + 4^{-s} + \cdots) - 2(2^{-s} + 4^{-s} + 6^{-s} + \cdots)$$
$$= \zeta(s) - 2 \cdot 2^{-s} \zeta(s)$$
$$= (1 - 2^{1-s}) \zeta(s)$$

に注意することによって

$$\zeta(s) = (1 - 2^{1-s})^{-1} \sum_{n=1}^{\infty} (-1)^{n-1} n^{-s}$$

の右辺を求めることに帰着されます．つまり，

$$\zeta(0) = -\frac{1}{2} \Leftrightarrow \text{``} \sum_{n} (-1)^{n-1} = \frac{1}{2} \text{''},$$

$$\zeta(-1) = -\frac{1}{12} \Leftrightarrow \text{``} \sum_{n} (-1)^{n-1} n = \frac{1}{4} \text{''},$$

$$\zeta(-2) = 0 \Leftrightarrow \text{``} \sum_n (-1)^{n-1} n^2 = 0\text{''},$$

$$\zeta(-3) = \frac{1}{120} \Leftrightarrow \text{``} \sum_n (-1)^{n-1} n^3 = -\frac{1}{8}\text{''}$$

などの右側の計算を行えばよいわけです．そこで，べき級数の和の公式

$$\sum_{n=1}^{\infty} (-1)^{n-1} x^n = \frac{x}{1+x},$$

$$\sum_{n=1}^{\infty} (-1)^{n-1} n x^n = \frac{x}{(1+x)^2},$$

$$\sum_{n=1}^{\infty} (-1)^{n-1} n^2 x^n = \frac{x(1-x)}{(1+x)^3},$$

$$\sum_{n=1}^{\infty} (-1)^{n-1} n^3 x^n = \frac{x(1-4x+x^2)}{(1+x)^4}$$

などにおいて，$x$ を 1 にしますと

$$\text{``} \sum_{n=1}^{\infty} (-1)^{n-1} = \frac{1}{2}\text{''},$$

$$\text{``} \sum_{n=1}^{\infty} (-1)^{n-1} n = \frac{1}{4}\text{''},$$

$$\text{``} \sum_{n=1}^{\infty} (-1)^{n-1} n^2 = 0\text{''},$$

$$\text{``} \sum_{n=1}^{\infty} (-1)^{n-1} n^3 = -\frac{1}{8}\text{''}$$

と上手に求まります，というストーリーでした．

　もちろん，上のべき級数の和の計算は $|x| < 1$ におけるものですので，$x = 1$ は文字通りには適用外（と言っても境界のところ）です．それを，ちゃんとした数学とするには，オイラーから約 100 年後のリーマンを中心とする 19 世紀の研究——とくに，ゼータの解析接続周辺——の進展が必要だったわけです．

その解析接続の上に立って，リーマン [1] はオイラーが（Ⅰ）と（Ⅲ）から発見していた関数等式 $\zeta(s) \longleftrightarrow \zeta(1-s)$，つまり

$$\zeta(1-s) = 2(2\pi)^{-s}\Gamma(s)\cos\left(\frac{\pi s}{2}\right)\zeta(s)$$

を証明し，さらには，この関数等式を完全に対称な形

$$\hat{\zeta}(1-s) = \hat{\zeta}(s)$$

へと導いたのでした．ここで，完備リーマンゼータ $\hat{\zeta}(s)$ は

$$\hat{\zeta}(s) = \pi^{-\frac{s}{2}}\Gamma\left(\frac{s}{2}\right)\zeta(s)$$

です．オイラーの発見（Ⅱ）によって，$\zeta(s)$ は素数に関する積（オイラー積）になっていましたが，リーマンはそれに"無限素数 $\infty$"からの寄与 $\pi^{-\frac{s}{2}}\Gamma\left(\frac{s}{2}\right)$ を補って完備化したわけです．

## 2.4 素数のゼータ

集合 $A$ のゼータ

$$Z_A(s) = \sum_{a \in A} a^{-s}$$

は実に様々な場合に研究されてきました．それは，徐々に見て行きたいと思いますが，本章は"素数"（通常の素数に限定しなくても良いことは別の機会に説明しましょう）に関係する場合についての注意点を述べておきます．

素数全体

$$\mathbb{P} = \{2, 3, 5, 7, 11, \cdots\}$$

のゼータは

$$Z_{\mathbb{P}}(s) = 2^{-s} + 3^{-s} + 5^{-s} + 7^{-s} + 11^{-s} + \cdots$$

ですし，フェルマー素数（$2^n+1$ の形の素数）全体
$$\mathbb{FP} = \{3,\ 5,\ 17,\ 257,\ 65537,\ (\cdots)\} \quad (\text{現在 5 個})$$
のゼータは
$$Z_{\mathbb{FP}}(s) = 3^{-s} + 5^{-s} + 17^{-s} + 257^{-s} + 65537^{-s} + \cdots$$
となりますし，メルセンヌ素数（$2^n-1$ の形の素数）全体
$$\mathbb{MP} = \{3,\ 7,\ 31,\ 127,\ \cdots,\ 2^{57885161}-1,\ (\cdots)\} \quad (\text{現在 48 個})$$
のゼータは
$$Z_{\mathbb{MP}}(s) = 3^{-s} + 7^{-s} + 31^{-s} + 127^{-s} + \cdots + (2^{57885161}-1)^{-s} + \cdots$$
となります．

それは，そうなのですが，素数全体 $\mathbb{P}$ に対するゼータとしては
$$\zeta_{\mathbb{P}}(s) = \prod_{p \in \mathbb{P}} (1-p^{-s})^{-1}$$
を考えるのが普通ですし便利です．そのわけは，オイラーの発見（II）によって
$$\zeta_{\mathbb{P}}(s) = \zeta(s) = \sum_{n=1}^{\infty} n^{-s} = Z_{\mathbb{N}}(s)$$
となることが大きい理由です．素数のべき全体を組み合せる（掛ける）ことによって自然数全体 $\mathbb{N}$ が表れるという仕組みを上手く組み込むことができたわけです．

ところで，
$$Z_{\mathbb{P}}(s) = \sum_{p \in \mathbb{P}} p^{-s}$$
は，絶対収束域 $\mathrm{Re}(s) > 1$ からの解析接続は $\mathrm{Re}(s) > 0$ の範囲までが限界であり，$\mathrm{Re}(s) = 0$ を（それから先に解析接続不可能な）自然境界にもつことがわかっています：ランダウ・ワルフィッツ [8]，1919 年．一般に，
$$Z_A(s) = \sum_{a \in A} a^{-s},$$

$$\zeta_A(s)=\prod_{a\in A}(1-a^{-s})^{-1},$$

とおきますと，形式的には

$$\zeta_A(s)=\exp\Bigl(\sum_{m=1}^{\infty}\frac{1}{m}Z_A(ms)\Bigr),$$

$$Z_A(s)=\sum_{m=1}^{\infty}\frac{\mu(m)}{m}\log\zeta_A(ms)$$

となります．ここで，$\mu(m)$ はメビウス関数です．ランダウ・ワルフィッツの定理の証明には，ここに出てきた，

$$Z_{\mathbb{P}}(s)=\sum_{m=1}^{\infty}\frac{\mu(m)}{m}\log\zeta_{\mathbb{P}}(ms)$$
$$=\sum_{m=1}^{\infty}\frac{\mu(m)}{m}\log\zeta(ms)$$

という表示が巧妙に使われます．

このようにして，$\mathbb{P}$ の部分集合 $X$ に対して

$$\zeta_X(s)=\prod_{p\in X}(1-p^{-s})^{-1}$$

が市民権を得たわけです．たとえば，

$$\zeta_{\mathrm{FP}}(s)=\prod_{p\in\mathrm{FP}}(1-p^{-s})^{-1}$$

や

$$\zeta_{\mathrm{MP}}(s)=\prod_{p\in\mathrm{MP}}(1-p^{-s})^{-1}$$

に強く興味引かれます．きっと，FP も MP も無限集合なのでしょうし，このようなゼータの研究はとても難しい挑戦を現代数学につきつけています．

それにしても，$|\mathrm{MP}|\geqq 48$ が今年（2013年）1月25日に示されるまでの期間が異常に長かったと感じたのは，偶然なのだったのでしょうか？現在までに見つかっている48個のメルセンヌ素数の中で最大のもの

$2^{57885161}-1$ は 1742 万 5170 ケタです（これは具体的に見つかっている最大の素数です）が，次のもの（"前記録保持者"）は 2008 年 8 月 23 日に発見された $2^{43112609}-1$ という 1297 万 8189 ケタの素数（大きさでは小さい方から数えて 47 番目，発見順では 45 個目ということになっていて，発見の順序と大きさの順序は一致しないことが起きているわけです）であり，歴史上で最初に 1000 万ケタ超えの具体的素数という栄光に輝いています．

なお，$\mathbb{P}$ の部分集合 $X$ に対して $\zeta_X(s)$ がいつでも良い性質（たとえば，複素数全体への解析接続）をもつわけではありません．たとえば，無限集合

$$X = \{p \in \mathbb{P} \mid p \equiv 1 \bmod 4\}$$

や

$$X = \{p \in \mathbb{P} \mid p \equiv 3 \bmod 4\}$$

の場合では，$\zeta_X(s)$ は $\mathrm{Re}(s) > 0$ までは解析接続できますが，$\mathrm{Re}(s) = 0$ は自然境界となります：黒川 [9], 1987 年．その証明方針はランダウ・ワルフィッツ [8] と類似しています．ランダウ・ワルフィッツ [8] および黒川 [9] については，モンゴメリ・ヴォーン [10] の解説 (32 – 34 ページ) も見てください．2007 年に出版されたこの本 [10]『乗法的整数論』(552 ページ) は，この分野のリーダー 2 人によるゼータ関数論の現代的教科書であり，刊行後 5 年程ですが，既に定評を得ています．

**問題** 単位に内接する正 $n$ 角形 (あるいは, $n$ 頂点としての $1$ の $n$ 乗根全体) を $\mu_n$ で表わすことにします.

ゼータ
$$Z_{\text{作図可}}(s) = \sum_{\mu_n : \text{作図可}} n^{-s}$$

を求めてください.ここで,「作図可」とは「(定木とコンパスで) 作図可能」という意味です.なお, $\mu_1 = \{1\}$ や $\mu_2 = \{1, -1\}$ も作図可に入れています.

**ヒント** 奇素数 $p$ に対して

「 $\mu_p$ : 作図可 $\Leftrightarrow p \in \mathbb{FP}$ 」(ガウス).

**解答** ガウス (1796 年) の結果 (現代数学では『ガロア理論』の教科書で扱われている) から

$\mu_n$ : 作図可 $\Leftrightarrow$ オイラー関数 $\varphi(n)$ が $2$ のべき

$\Leftrightarrow n = 2^m \times p_1 \times \cdots \times p_r$

$p_1, \cdots, p_r \in \mathbb{FP}$ は相異なる (フェルマー素数)

となるため

$$Z_{\text{作図可}}(s) = \left( \sum_{m=0}^{\infty} (2^m)^{-s} \right) \prod_{p \in \mathrm{FP}} (1 + p^{-s})$$
$$= (1 - 2^{-s})^{-1} \times \prod_{p \in \mathrm{FP}} (1 + p^{-s}) .$$

[**解答終**]

## 参考文献

[1] B. Riemann "Ueber die Anzahl der Primzahlen unter einer gegebenen Grösse" Monatsber. Kgl. Preuss. Akad. Wiss. Berlin (1859) 671 – 680. [リーマン「与えられた大きさ以下の素数の個数について」]

[2] 黒川信重『リーマン予想の150年』岩波書店, 2009年.

[3] 黒川信重『リーマン予想の探求：ABCからZまで』技術評論社, 2012年.

[4] 黒川信重『リーマン予想の先へ』東京図書, 2013年4月刊.

[5] 黒川信重・小山信也『リーマン予想の数理物理：ゼータ関数と分配関数』サイエンス社, 2011年.

[6] 黒川信重(編著)『リーマン予想がわかる』日本評論社, 2009年.

[7] T. D. Lee and C. N. Yang "Statistical theory of equations of state and phase transitions, II. Lattice gas and Ising model" Physical Review 87 (1952) 410 – 419. [リー・ヤン「状態と相転移の方程式の統計的理論，II．格子気体とイジング模型」]

[8] E. Landau and A. Walfitz "Über die Nichtfortsetzbarkeit einiger durch Dirichletsche Reihen definierte Funktionen" Rend. Cont. Circ. Mat. Palermo 44 (1919) 82 – 86. [ランダウ・ワルフィッツ「ディリクレ級数によって定義された関数の解析接続不可能性について」]

[9] N. Kurokawa "On certain Euler products" Acta Arith. 48 (1987) 49 – 52. [黒川信重「あるオイラー積について」]

[10] H. L. Montgomery and R. C. Vaughan "Multiplicative Number Theory, I. Classical Theory" Cambridge Univ. Press, 2007. [モンゴメリ・ヴォーン『乗法的整数論，I．古典理論』]

# 第3章 群とゼータ

　ゼータは，いろいろな数学的対象に関して考えられてきました．本章は，最も簡単な数学的構造である「群」に対するゼータを見ることにしましょう．群は現代数学を支える重要な概念ですので，その重要さに応じて，たくさんのゼータが活躍しています．もちろん，一回ではその一部しか触れることができません．それは，群の何を見るかという視点の多様性も反映しています．

## 3.1 群のゼータ

　群 $G$ とは集合 $G$ に一つの演算

$$\begin{array}{ccc} G \times G & \longrightarrow & G \\ \downarrow & & \downarrow \\ (x, y) & \longmapsto & x \cdot y \end{array}$$

が入っていて，次の条件 (1)(2)(3) をみたすときに言います：

(1) **結合法則**　すべての $x, y, z \in G$ に対して
$$(x \cdot y) \cdot z = x \cdot (y \cdot z).$$

(2) **単位元の存在**　すべての $x \in G$ に対して
$$x \cdot 1 = 1 \cdot x = x$$
をみたす元 $1 \in G$ が存在する．

(3) **逆元の存在**　各 $x \in G$ に対して

$$x \cdot x^{-1} = x^{-1} \cdot x = 1$$

となる元 $x^{-1} \in G$ が存在する．

群 $G$ と言うかわりに，演算まで込めて，群 $(G, \cdot)$ と書くのも丁寧でわかり良いでしょう．また，演算・は乗法的に書くのが普通ですが，例を考えるときには

$$(\mathbb{Z}, +) = \{0, \pm 1, \pm 2, \cdots\}$$

が加法について群となるときのように，演算を＋とし，単位元を 0 で書く場合もあることに注意してください：$(\mathbb{Z}, +)$ は唯一の無限巡回群です（もちろん同型なものを同一視して）．

基本的な有限群の例は，自然数 $n$ に対しての

$$(\mathbb{Z}/n\mathbb{Z}, +) = \{0, 1, \cdots, n-1\}$$

という，$\mathrm{mod}\, n$ の加法群です．これは，位数 $n$ の唯一の巡回群です．こちらの場合には

$$\mu_n = \{\alpha \in \mathbb{C} \mid \alpha^n = 1\}$$

という 1 の $n$ 乗根からなる乗法群と同型ですので，$\mu_n$ という表示もよく使われます．

さて，群 $G$ の最も素朴なゼータは

$$Z_G(s) = \sum_{H \subset G} |G/H|^{-s}$$

です．ここで，$H$ は $G$ の部分群であって，指数 $|G/H|$ が有限なものをわたります．ただし，指数 $|G/H|$ とは剰余類集合 $G/H$ の元の個数を表しています．記号としては $(G:H)$ も標準的です．

## 3.2 具体例

群の基本となる巡回群（1 元生成の群）の場合にゼータを計算してお

*30*

きましょう．巡回群は，

無限巡回群
$$(\mathbb{Z}, +) = \{0, \pm 1, \pm 2, \cdots\}$$

と有限巡回群
$$(\mathbb{Z}/N\mathbb{Z}, +) \cong \boldsymbol{\mu}_N$$

で尽きています．

**定理 3.1**

巡回群のゼータは次の通り．

(1) $Z_{(\mathbb{Z},+)}(s) = \zeta(s)$.

(2) $Z_{\boldsymbol{\mu}_N}(s) = \displaystyle\sum_{n|N} n^{-s}$.

ただし，$n$ は $N$ の約数全体をわたる（$n \mid N$ は $n$ が $N$ を割り切ることを示す）．

**証明**

(1) $G = (\mathbb{Z}, +)$ の部分群は，$n = 0, 1, 2, \cdots$ に対する
$$H = (n\mathbb{Z}, +)$$

で尽きていて，指数は
$$|G/H| = \begin{cases} \infty \cdots n = 0 \\ n \cdots n = 1, 2, 3, \cdots \end{cases}$$

となっています．したがって，
$$Z_{(\mathbb{Z},+)}(s) = \sum_{n=1}^{\infty} n^{-s} = \zeta(s)$$

となります．

(2) $G = \boldsymbol{\mu}_N \cong (\mathbb{Z}/N\mathbb{Z}, +)$ の部分群は，$N$ の約数 $n$ に対する
$$H = \{\alpha^n \mid \alpha \in \mu_N\} \cong n(\mathbb{Z}/N\mathbb{Z})$$

で尽きています．このときの指数は
$$|G/H| = n$$
です．したがって，
$$Z_{\mu_N}(s) = \sum_{n|N} n^{-s}$$
となります． **証明終**

---

**定理3.2**

(1)　$Z_{\mu_N}(0) = d(N)$：$N$ の約数の個数．

(2)　$Z_{\mu_N}(-1) = \sigma(N) = \sum_{n|N} n$：$N$ の約数の和．

(3)　$Z_{\mu_N}(1) = \dfrac{\sigma(N)}{N}$．

(4)　$N$：素数 $\iff Z_{\mu_N}(0) = 2$．

(5)　$N$：完全数 $\iff Z_{\mu_N}(1) = 2$．

---

**証明**

(1)　$Z_{\mu_N}(0) = \sum_{n|N} n^0 = \sum_{n|N} 1 = d(N)$．

(2)　$Z_{\mu_N}(-1) = \sum_{n|N} n^1 = \sigma(N)$．

(3)　$\displaystyle Z_{\mu_N}(1) = \sum_{n|N} n^{-1}$

$\displaystyle \qquad\qquad = \sum_{n|N} \left(\frac{N}{n}\right)^{-1}$

$\displaystyle \qquad\qquad = N^{-1} \sum_{n|N} n$

$\displaystyle \qquad\qquad = N^{-1} \sigma(N)$．

ここで，$n$ が $N$ の約数全体を動くときに，$\dfrac{N}{n}$ も $N$ の約数全体を動

くことを用いています.

(4) $N$ が素数とは，$N$ の約数が $1$ と $N$ という $2$ 個のみということですので

$$\text{N: 素数} \iff d(N) = 2 \underset{(1)}{\iff} Z_{\mu_N}(0) = 2.$$

(5) $N$ が完全数とは，$N$ の約数の和が $2N$ ということ——つまり，$N$ の「真の約数」($N$ を除く約数)の和が $N$ となること——ですので

$$\text{N: 完全数} \iff \sigma(N) = 2N \underset{(3)}{\iff} Z_{\mu_N}(1) = 2$$

$$(\iff Z_{\mu_N}(-1) = 2N). \qquad \textbf{証明終}$$

これまでに，奇数の完全数は 1 個も発見されていません．存在しないだろうという予想が有力ですが，証明されてはいません．一方，偶数の完全数 $N$ はメルセンヌ素数 $M$ によって

$$N = 1 + 2 + \cdots + M = \frac{M(M+1)}{2}$$

となることが知られています(オイラーの定理)．ここで，メルセンヌ素数とは $2^n - 1$ の形の素数です．現在までのところ，メルセンヌ素数は

$$M = 3, 7, 31, \cdots, 2^{57885161} - 1$$

という 48 個が発見されていますので，完全数も

$$N = 6, 28, 496, \cdots, 2^{57885160}(2^{57885161} - 1)$$

という 48 個が得られているわけです．

オイラーは

$$Z_{\mu_N}(-1) = \sum_{n|N} n = \sigma(N)$$

に対して，$\int N$ という記号(積分記号)を用いています：黒川 [1] (第 12 峰).

$\int$ は "和" (sum) から来ているのでしょう.

今は $\mu_N$ という有限群について考えていますが，一般の有限群 $G$ に対しても，
$$Z_G(s) = \sum_{H \subset G} |G/H|^{-s}$$
$$= |G|^{-s} \sum_{H \subset G} |H|^s$$
となっていることに注意しておきましょう．ここで，
$$|G/H| = \frac{|G|}{|H|}$$
はラグランジェの定理です．とくに，
$$Z_G(0) = \sum_{H \subset G} 1$$
は $G$ の部分群の個数，
$$Z_G(-1) = \sum_{H \subset G} |G/H| = |G| \sum_{H \subset G} \frac{1}{|H|},$$
$$Z_G(1) = \sum_{H \subset G} |G/H|^{-1} = \frac{1}{|G|} \sum_{H \subset G} |H|$$
というように，部分群の位数（およびその逆数）の和などが出てきます．

## 3.3　リーマン予想の類似

$Z_{\mu_N}(s)$ というゼータは
$$Z_{\mu_1}(s) = 1,$$
$$Z_{\mu_2}(s) = 1 + 2^{-s},$$
$$Z_{\mu_3}(s) = 1 + 3^{-s},$$
$$Z_{\mu_4}(s) = 1 + 2^{-s} + 4^{-s},$$
$$Z_{\mu_5}(s) = 1 + 5^{-s},$$
$$Z_{\mu_6}(s) = 1 + 2^{-s} + 3^{-s} + 6^{-s} = Z_{\mu_2}(s) Z_{\mu_3}(s),$$

$$Z_{\mu_7}(s) = 1 + 7^{-s},$$
$$Z_{\mu_8}(s) = 1 + 2^{-s} + 4^{-s} + 8^{-s},$$
$$Z_{\mu_9}(s) = 1 + 3^{-s} + 9^{-s},$$
$$Z_{\mu_{10}}(s) = 1 + 2^{-s} + 5^{-s} + 10^{-s} = Z_{\mu_2}(s) Z_{\mu_5}(s),$$
$$Z_{\mu_{11}}(s) = 1 + 11^{-s},$$
$$Z_{\mu_{12}}(s) = 1 + 2^{-s} + 3^{-s} + 4^{-s} + 6^{-s} + 12^{-s}$$
$$= Z_{\mu_3}(s) Z_{\mu_4}(s)$$

となっていますが,これらは見た目の簡単さにもかかわらず,深い美しさを秘めていることを見ておきましょう.

**定理3.3**

(1) **関数等式**
$$Z_{\mu_N}(-s) = N^s Z_{\mu_N}(s).$$

(2) **オイラー積表示**
$$Z_{\mu_N}(s) = \prod_{p|N} \frac{1 - p^{-(\mathrm{ord}_p(N)+1)s}}{1 - p^{-s}}.$$

(3) **リーマン予想類似**
$$Z_{\mu_N}(s) = 0 \text{ なら } \mathrm{Re}(s) = 0.$$

**証明**

(1) 定義から
$$Z_{\mu_N}(-s) = \sum_{n|N} n^s$$
$$= \sum_{n|N} \left(\frac{N}{n}\right)^s$$
$$= N^s \sum_{n|N} n^{-s}$$
$$= N^s Z_{\mu_N}(s).$$

ここで, $n$ が $N$ の約数全体を動くとき $N/n$ も $N$ の約数全体を動くことを用いました.

(2) 乗法性を用いて
$$Z_{\mu_N}(s) = \prod_{p|N}\left(\sum_{k=0}^{\mathrm{ord}_p(N)} p^{-ks}\right)$$
$$= \prod_{p|N} \frac{1-p^{(\mathrm{ord}_p(N)+1)s}}{1-p^{-s}}.$$

ただし,
$$N = \prod_{p|N} p^{\mathrm{ord}_p(N)}$$
は $N$ の素因数分解表示です.

(3) $Z_{\mu_N}(s)=0 \underset{(2)}{\Longrightarrow} 1-p^{-(\mathrm{ord}_p(N)+1)s}=0$ となる.
$$p \mid N \text{ が存在}$$
$$\Longrightarrow p^{(\mathrm{ord}_p(N)+1)s} = 1$$
$$\Longrightarrow \mathrm{Re}(s) = 0.$$

より詳しくは,
$$s = \frac{2\pi\sqrt{-1}\,m}{(\log p)(\mathrm{ord}_p(N)+1)}$$

($m$ は $\mathrm{ord}_p(N)+1$ の倍数ではない整数)

となります.　**証明終**

この結果は,
$$\text{``}N \to \infty \text{ のとき } Z_{\mu_N}(s) \rightsquigarrow \zeta(s)\text{''}$$
と見ることによって, リーマン予想への良い体験となることでしょう.

なお, オイラー積表示を具体例で書きますと
$$Z_{\mu_2}(s) = \frac{1-4^{-s}}{1-2^{-s}},$$

$$Z_{\mu_3}(s) = \frac{1-9^{-s}}{1-3^{-s}},$$

$$Z_{\mu_4}(s) = \frac{1-8^{-s}}{1-2^{-s}},$$

$$Z_{\mu_5}(s) = \frac{1-25^{-s}}{1-5^{-s}},$$

$$Z_{\mu_6}(s) = \frac{1-4^{-s}}{1-2^{-s}} \cdot \frac{1-9^{-s}}{1-3^{-s}} = Z_{\mu_2}(s) Z_{\mu_3}(s),$$

$$Z_{\mu_7}(s) = \frac{1-49^{-s}}{1-7^{-s}},$$

$$Z_{\mu_8}(s) = \frac{1-16^{-s}}{1-2^{-s}},$$

$$Z_{\mu_9}(s) = \frac{1-27^{-s}}{1-3^{-s}},$$

$$Z_{\mu_{10}}(s) = \frac{1-4^{-s}}{1-2^{-s}} \cdot \frac{1-25^{-s}}{1-5^{-s}} = Z_{\mu_2}(s) Z_{\mu_5}(s),$$

$$Z_{\mu_{11}} = \frac{1-121^{-s}}{1-11^{-s}},$$

$$Z_{\mu_{12}}(s) = \frac{1-9^{-s}}{1-3^{-s}} \cdot \frac{1-8^{-s}}{1-2^{-s}} = Z_{\mu_3}(s) Z_{\mu_4}(s)$$

という風になっています．

このように

$$Z_{\mu_N}(s) = \sum_{n|N} n^{-s}$$

はオイラー積・関数等式・リーマン予想類似をみたすという美しい性質をもっているのですが，少し似た形の

$$\sum_{n=1}^{N} n^{-s} = 1^{-s} + 2^{-s} + \cdots + N^{-s}$$

は自然に見えるものの，一般に，オイラー積も関数等式もリーマン予想類似も成立していないことが知られています．たとえば，

$$\sum_{n|6} n^{-s} = 1^{-s} + 2^{-s} + 3^{-s} + 6^{-s}$$

はオイラー積・関数等式・リーマン予想類似をみたすのに

$$\sum_{n=1}^{4} n^{-s} = 1^{-s} + 2^{-s} + 3^{-s} + 4^{-s}$$

はそうではないのです．

## 3.4 解析性

群のゼータ $Z_G(s)$ の解析性については，あまり良くはわかっていないというのが現状です．

もちろん，$G$ が有限群のときには，解析性については問題がありません．最初から，すべての $s$ に対して正則に解析接続されています．ただし，この場合でも，関数等式・オイラー積・特殊値表示・リーマン予想類似を含めて，さまざまの問題がありますし，定理 3.2 や定理 3.3 は，その例です．

一方，$G$ が無限群のときには，$r = 1, 2, 3, \cdots$ に対する

$$Z_{(\mathbb{Z}^r, +)}(s) = \zeta(s)\zeta(s-1)\cdots\zeta(s-r+1)$$

のように，自由アーベル群やそれに「近い」結晶群の場合などはゼータが明示的に求まっていて，解析接続もわかっています．もっと一般の $G$ に対しては，たとえば，$G$ が有限生成のべき零群のときにはオイラー積をもつことが知られていて（基本的には「シローの定理」），オイラー因子の計算もかなり進んでいるという程度です．

べき零群のときには対応するべき零リー環を用いてゼータの計算が「線形化」できることが有利な点です．それでも，全 $s$ 平面に解析接続できるとは限りません．一つ例をあげておきます．いま

$$G = \begin{pmatrix} 1 & \mathbb{Z} & \mathbb{Z} & \mathbb{Z} \\ 0 & 1 & \mathbb{Z} & \mathbb{Z} \\ 0 & 0 & 1 & \mathbb{Z} \\ 0 & 0 & 0 & 1 \end{pmatrix} \Big/ \begin{pmatrix} 1 & 0 & 0 & \mathbb{Z} \\ 0 & 1 & 0 & 0 \\ 0 & 0 & 1 & 0 \\ 0 & 0 & 0 & 1 \end{pmatrix}$$

とします．ここで

$$\begin{pmatrix} 1 & \mathbb{Z} & \mathbb{Z} & \mathbb{Z} \\ 0 & 1 & \mathbb{Z} & \mathbb{Z} \\ 0 & 0 & 1 & \mathbb{Z} \\ 0 & 0 & 0 & 1 \end{pmatrix}$$

$$= \left\{ \begin{pmatrix} 1 & a & b & c \\ 0 & 1 & d & e \\ 0 & 0 & 1 & f \\ 0 & 0 & 0 & 1 \end{pmatrix} \middle| \; a, b, c, d, e, f \in \mathbb{Z} \right\}$$

はサイズが 4 のハイゼンベルグ型群 (ハイゼンベルグ群はサイズ 3) で，

$$\begin{pmatrix} 1 & 0 & 0 & \mathbb{Z} \\ 0 & 1 & 0 & 0 \\ 0 & 0 & 1 & 0 \\ 0 & 0 & 0 & 1 \end{pmatrix} = \left\{ \begin{pmatrix} 1 & 0 & 0 & c \\ 0 & 1 & 0 & 0 \\ 0 & 0 & 1 & 0 \\ 0 & 0 & 0 & 1 \end{pmatrix} \middle| \; c \in \mathbb{Z} \right\}$$

はその正規部分群です．すると，$G$ は有限生成のべき零群で

$$Z_G(s) = \prod_p \frac{1 + p^{3-2s} + p^{4-2s} - p^{4-3s} - p^{5-3s} - p^{8-5s}}{(1-p^{-s})(1-p^{1-s})(1-p^{2-s})(1-p^{4-2s})(1-p^{5-2s})(1-p^{6-3s})}$$

$$= \zeta(s)\zeta(s-1)\zeta(s-2)\zeta(2s-4)\zeta(2s-5)\zeta(3s-6)$$

$$\times \prod_p (1 + (p^3 + p^4)p^{-2s} - (p^4 + p^5)p^{-3s} - p^{8-5s})$$

は $\mathrm{Re}(s) > 2$ において有理型関数として解析接続され，$\mathrm{Re}(s) = 2$ を自然境界にもちます．よって，$\mathrm{Re}(s) \leqq 2$ へは決して解析接続はできないわけです．

このように，解析性の問題だけでも，一般の $Z_G(s)$ では困難なものになります．群が多種多様であることから当然な帰結かも知れませんが．

## 3.5 群のゼータの歴史から

群のゼータは，$G=(\mathbb{Z},+)$ のときのように
$$Z_{(\mathbb{Z},+)}(s)=\sum_{n=1}^{\infty}n^{-s}$$
となったり，$G=(\mathbb{Z}/N\mathbb{Z},+)\cong \boldsymbol{\mu}_N$ のときに
$$Z_{(\mathbb{Z}/N\mathbb{Z},+)}(s)=Z_{\boldsymbol{\mu}_N}(s)=\sum_{n|N}n^{-s}$$
となったりすることからも推測されますが，オイラーの研究から出発していると考えられます．

一般の群 $G$ に対してはグリュネヴァルト・シーガル・スミスという3人組の論文 [2] (1988 年) がはじまりです．現状を見るにはデュ・ソートイと彼の学生のウッドワードによる本 [3] (2008 年) が便利でしょう．

やや小説風になっていますが，デュ・ソートイ（オックスフォード大学教授, 1965 年生れ）の本『シンメトリーの地図帳』(参考文献 [4]) は，彼が 40 歳のときの 2005 年という 1 年間の研究旅行を描いたものです．「シンメトリー」とは群のことであり，研究の中心問題は群のゼータです．ただし，研究内容については数式による記述を避けているため，明瞭ではありません．日本への旅は第 4 章にでてきます．私も登場しています．

デュ・ソートイは，リーマン予想を扱って世界的ベストセラーになった『素数の音楽』(新潮社) の著者としても有名です．英国の BBC テレビの番組やクリスマスレクチャーなどでも知られていますし，クリスマスレクチャーは日本でも上演されました．サッカーのベッカムの友人でもあります．2010 年には大英帝国勲章を授かっています．2012 年出版の『数字の国のミステリー』(新潮社) も，数学七大問題をテーマにした面白い本です．

ほめてばかりいてはいけませんので，少し注意しておきましょう．現代数学の欠点は正当な批評がなされてないことです．『数学評論』誌が出されるべきです．

先程述べた自然境界をもつ $Z_G(s)$ の研究には，エスターマン [6] (1928年) の方法を拡張した黒川 [7] [8] [9] [10] (1978 〜 1989 年に出版) の方法が使われます．その点を，デュ・ソートイとウッドワードの本 [3] で確認しますと，残念なことに 2008 年出版にもかかわらず，論文 [8] だけは簡単に引用しているのですが，必要になる [7] [9] [10] には言及していません．この点は，デュ・ソートイの本 [4] の第 4 章に出てくる沖縄への旅 (2005 年 11 月) において，何時間もかけて丁寧に説明したのに徒労だったようです．デュ・ソートイのような英国から勲章を授かる程の影響力の大きな数学者は，率先して模範となる数学者にならねばなりませんので，とても残念なことです．

ちなみに，『シンメトリーの地図帳』第 4 章，143 ページには次のようにあります：

「黒川教授は，今までの成果をまとめたわたしのプレプリントを読み終えると，数年前に自分が考えた枠組みにわたしの探し求めているゼータ関数がどのように当てはまるのかを説明しはじめた．わたしも黒川教授の論文を読んではいたものの，自分の研究に関係があるとは思っていなかった．ところが教授はこの三時間のフライトの間に，自分の作った言語を使えばわたしのゼータ関数を捉えることができるという理由を明らかにしてみせた．わたしは軽いパニックに陥った．」

この中で「数年前に自分が考えた枠組み」となっているのは黒川 [7] [8] [9] [10] (1978 〜 1989) ですので，「数年前」はかなり不正確です．明確にするために，過去の論文への尊敬がないことを 2 つ例示しておきましょう．

(1) デュ・ソートイとウッドワードの本 [3]
(2008 年)の基本定理である定理 5.1 は自然境界をもつ「最初の記録」と書かれていて (17 ページ), "最初の証明" が与えられていますが, それが, [3] の 19 年も前に出版された黒川 [10] (1989 年) に既に証明されていた (実際, 定理 5.1 は黒川 [10] 定理 2 の $k=4$ という特別の場合) ということが述べられていません. 証明も同じです. 私には, もちろん, 19 年後の [3] を引用する能力 (タイムマシン等) はありませんでした.

(2) デュ・ソートイとグリュネヴァルトによる
群のゼータの論文 [5] (2002 年) には
$$\prod_{p \equiv 1 \bmod 4} (1-p^{-s})^{-1}$$
の解析性が未解決の問題としてあげられていますが, それがその 15 年も前の黒川論文 [9] (1987 年出版) で解決済み (第 2 章で書きましたが, $\mathrm{Re}(s)=0$ が自然境界になります) であることが述べられていません.

もちろん, (1) (2) ともデュ・ソートイが知らなかったということは考えられません:「わたしも黒川教授の論文を読んではいたものの」と先程引用したところで語っていますし, そこで議論になっていた黒川論文とは [7] [8] [9] [10] のことです.

いずれにしても気を付けたいことですが, 一層残念なことは, このようなことが現代数学で無数に起こっているということです. もちろん, 日本数学の問題は, その上に正当な評価が通じずガラパゴス化しているという点です.

## 3.6 群のいろいろなゼータ

群 $G$ のゼータについては，本章で紹介の "素朴なゼータ"
$$Z_G(s) = \sum_{H \subset G} |G/H|^{-s}$$
の他にも，たくさんのゼータがあります．それらについては，必要に応じて，後の機会に触れたいと思いますが，少しあげておきましょう．

(a) 素朴なゼータの変形版：

- $\sum_{H \subset G} |G/H|^{-s}$
  において $H$ を正規部分群など特定の条件をみたすものに制限するもの．

- $\sum_{H \subset G} |H|^{-s}$
  などに変形するもの．

(b) セルバーグゼータ：

素な共役類 (他の共役類の 2 以上のべきになっていない共役類) 全体 $\mathrm{Prim}(G)$ を用いたオイラー積
$$\prod_{P \in \mathrm{Prim}(G)} (1 - N(P)^{-s})^{-1}$$
で定義されるゼータで，セルバーグが 1950 年代に研究開始．ここで，$N(P) > 1$ はノルム．たとえば，$G$ としてはモジュラー群 $SL_2(\mathbb{Z})$ が代表例で，リーマン予想の類似をみたすことも証明されています (セルバーグ)．セルバーグゼータは，ある空間の基本群に対するゼータと考えるのがわかりやすく，解析接続やリーマン予想の証明のためには，その空間 (リーマン面など) のゼータという捉え方が重要になります．

(c) ウィッテンゼータ：

$G$ の既約表現全体 $\hat{G}$ によって
$$\sum_{\rho \in \hat{G}} \deg(\rho)^{-s}$$
と構成されるもので，ウィッテンが物理学における分配関数の研究から 1991 年に発表．$G = SU(2)$ のときにリーマンゼータ $\zeta(s)$ となります．

(d) 代数群のゼータ：

代数多様体であって群の構造をもっている代数群 $G$ に対するゼータであり，合同ゼータ，ハッセゼータ，井草ゼータ，保型形式のゼータ，… と 20 世紀から膨大な研究がなされています．

(e) 絶対ゼータ：

1 元体 $\mathbb{F}_1$ 係数の $\mathbb{F}_1$ – 代数
$$\mathbb{F}_1[G] = G \sqcup \{0\}$$
のゼータであり，21 世紀に入って研究開始の新ゼータです．

---

**問題**

$$Z_{S_3}(s) = \sum_{H \subset S_3} |S_3/H|^{-s}$$

を求めてください．

**解答** 部分群 $H$ を指数ごとに列挙すると

指数 1（位数 6）の $H$ は　$S_3$　1 個

指数 2（位数 3）の $H$ は　$\langle (123) \rangle = A_3$　1 個

指数 3（位数 2）の $H$ は　$\langle (12) \rangle, \langle (13) \rangle, \langle (23) \rangle$

　　　　　　　　3 個

指数 6（位数 1）の $H$ は　単位群 1 個

という 6 個で尽きていて
$$Z_{S_3}(s) = 1 + 2^{-s} + 3 \cdot 3^{-s} + 6^{-s}$$
となる．　　　　　　　　　　　　　　　　　　　　　　　　　［解答終］


## 参考文献

[1] 黒川信重『オイラー探検：無限大の滝と 12 連峰』シュプリンガージャパン，2007 年；丸善，2012 年．

[2] F. Grünewald, D. Segal and G. C. Smith "Subgroups of finite index in nilpotent groups". Invent. Math. 93 (1988) 185–223.

[3] M. du Sautoy and L. Woodward "Zeta functions of roups and rings". Springer Lecture Notes in Math. 1925 (2008)．

[4] デュ・ソートイ『シンメトリーの地図帳』新潮社，2010 年；新潮文庫，2014 年．

[5] M. du Sautoy and F. Grünewald "Zeta functions of groups : zeros and friendly ghosts." Amer. J. Math. 124 (2002) 1–48.

[6] T. Estermann "On certain functions represented by Dirichlet series." Proc. London Math. Soc. 27 (1928) 435–448.

[7] N. Kurokawa "On the meromorphy of Euler products." Proc. Japan Acad. 54A (1978) 163–166.

[8] N. Kurokawa "On the meromophy of Euler products (Ⅰ)(Ⅱ)." Proc. London Math. Soc. 53 (1986) 1–47, 209–236.

[9] N. Kurokawa "On certain Euler products." Acta Arithmetica 48 (1987) 49–52.

[10] N. Kurokawa "Analyticity of Dirichlet series over prime powers." Springer Lecture Notes in Math. 1434 (1989) 168–177.

# 第4章 代数群のゼータ

　群のゼータを前章で見ましたので，本章は代数群のゼータを見てみましょう．「代数群」と言うと難しそうですが，本書の目的の一つは現代数学に慣れることですので具体例を中心に話します．

## 4.1　代数群とは

　代数群とは，群であって代数多様体の構造を持つものです．あるいは，同じことですが，代数多様体であって群構造を持つもの（群多様体）と言っても良いです．

　群は『代数学』の教科書で最初に扱われることで，どの本にも出ていますが，残念ながら，代数群は代数学の教科書では扱われていないのが普通です．それは，代数多様体が代数学の教科書（大学生レベル）には普通出てこないことと連動しています．さらに，代数多様体論からは代数群の話を期待できないのが現状です．というのは，代数群の研究者と代数多様体の研究者が分離しているのです．

　このように，現代数学は区分けを作ってしまっているという欠陥が特徴です．専門家は，ごく狭い領域に閉じこもっています．同じ分野のはずでも言葉が通じません．逆に言うと，通訳できる人は数学研究においてなくてはならない貴重な存在です．

　代数群は現代数学には欠かせないものですので，読者には是非かじってみるようにおすすめします．これによって，どのような効能が得られ

るかと言いますと次のようなところです．

**❶ 数論のしくみが良くわかります．**

たとえば，保型形式は，(線形) 代数群 $\mathbb{G}$ に対して，$\mathbb{G}(\mathbb{R})$ 上の関数であって $\mathbb{G}(\mathbb{Z})$ に関する保型性を持つもの，等々と見通しが良くなります．ここで，環 $R$ に対して $\mathbb{G}(R)$ は $R$- 有理点 (成分が $R$ に入るもの) の群です．本章の話では $R$ は可換環です．

**❷ 楕円曲線がわかります．**

楕円曲線 (1 次元のアーベル多様体) は代数群の典型例です．代数曲線という見方だけでは不充分です．とくに，谷山予想，フェルマー予想，佐藤・テイト予想，バーチ・スウィンナートンダイヤー予想 (BSD 予想)，abc 予想，…などは，結局，代数群の話となっています．

**❸ 表現論がわかります．**

表現論も，代数群の表現論を考えるとわかりやすいです．リー群の表現論は代数群 $\mathbb{G}$ に対して $\mathbb{G}(\mathbb{R})$ の表現論と考えると良いわけです．

## 4.2　乗法群

最も簡単な代数群は**乗法群**
$$\mathbb{G}_m = \{(x, y) \mid xy = 1\}$$
です．演算は
$$(x_1, y_1) \cdot (x_2, y_2) = (x_1 x_2, y_1 y_2)$$
で入っています．単位元は $(1, 1)$，逆元は $(x, y)^{-1} = (y, x)$ です．環 $R$ に対して
$$\mathbb{G}_m(R) = \{(x, y) \in R \times R \mid xy = 1\} \cong R^\times$$

です．ここで，$R^\times$ は $R$ の可逆元からなる乗法群 (単数群) で，同型対応は

$$\begin{array}{ccc} \mathbb{G}_m(R) = \{(x, y) \in R \times R \mid xy = 1\} & \longrightarrow & R^\times \\ \cup & & \cup \\ (x, y) & \longmapsto & x \end{array}$$

で与えられます．

なお，乗法群 $\mathbb{G}_m$ は $\mathbb{GL}_1$ とも書きます．このように，代数群は太字で書くのが普通ですが，そうでないこともかなりあります．

一般に，代数群 $\mathbb{G}$ は「群の枠」を与えていると考えると良いので，環 $R$ ごとに通常の群 $\mathbb{G}(R)$ が決まってきます．これを，環の圏 Ring から群の圏 Grp への

$$\mathbb{G} : \text{Ring} \longrightarrow \text{Grp}$$

という関手 (functor) を与えていると思うことも可能で，スマートです．

## 4.3 一般線形群

自然数 $n$ に対して

$$\mathbb{GL}_n = \left\{ (x_{11}, x_{12}, \cdots, x_{nn}, y) \,\middle|\, \det\begin{pmatrix} x_{11} & \cdots & x_{1n} \\ \vdots & & \vdots \\ x_{n1} & \cdots & x_{nn} \end{pmatrix} y = 1 \right\}$$

を**一般線形群**と言います．環 $R$ に対して

$$\mathbb{GL}_n(R) \cong GL_n(R) = \left\{ \begin{pmatrix} x_{11} & \cdots & x_{1n} \\ \vdots & & \vdots \\ x_{n1} & \cdots & x_{nn} \end{pmatrix} \,\middle|\, \begin{array}{c} x_{ij} \in R \\ \det\begin{pmatrix} x_{11} & \cdots & x_{1n} \\ \vdots & & \vdots \\ x_{n1} & \cdots & x_{nn} \end{pmatrix} \in R^\times \end{array} \right\}$$

となっています．さらに，**特殊線形群**

$$\mathbb{SL}_n = \left\{ (x_{11}, x_{12}, \cdots, x_{nn}) \middle| \det \begin{pmatrix} x_{11} & \cdots & x_{1n} \\ \vdots & & \vdots \\ x_{n1} & \cdots & x_{nn} \end{pmatrix} = 1 \right\}$$

もよく使われます.環 $R$ に対しては

$$\mathbb{SL}_n(R) = SL_n(R)$$

$$\mathbb{SL}_n(R) = SL_n(R) = \left\{ \begin{pmatrix} x_{11} & \cdots & x_{1n} \\ \vdots & & \vdots \\ x_{n1} & \cdots & x_{nn} \end{pmatrix} \middle| \begin{matrix} x_{ij} \in R \\ \det \begin{pmatrix} x_{11} & \cdots & x_{1n} \\ \vdots & & \vdots \\ x_{n1} & \cdots & x_{nn} \end{pmatrix} = 1 \end{matrix} \right\}$$

です.$\mathbb{SL}_n$ は $\mathbb{GL}_n$ に埋め込まれます.たとえば,

$$\mathbb{SL}_2 = \{(x_{11}, x_{12}, x_{21}, x_{22}, y) \mid (x_{11}x_{22} - x_{12}x_{21})y = 1\}$$

となっています.ここで,行き先は

$$(x_{11}, x_{12}, x_{21}, x_{22}) \longmapsto (x_{11}, x_{12}, x_{21}, x_{22}, 1)$$

です.

とくに,

$$\mathbb{SL}_2(\mathbb{Z}) = SL_2(\mathbb{Z}) = \left\{ \begin{pmatrix} a & b \\ c & d \end{pmatrix} \middle| \begin{matrix} a, b, c, d \in \mathbb{Z} \\ ad - bc = 1 \end{matrix} \right\}$$

を**モジュラー群**と呼びます.これは,保型形式の理論や楕円曲線のモジュライ空間など,いろいろなところで活躍する群です.参考文献の [1] [2] [3] を参照してください.

## 4.4 シンプレクティック群

一般線形群 $\mathbb{GL}_n$ や特殊線形群 $\mathbb{SL}_n$ の部分代数群は,種々の場面で重要な役割を果たします.とりわけ,ジーゲル保型形式の理論やアーベル多様体のモジュライ空間などで必須な代数群がシンプレクティック群です.それは,自然数 $n$ に対して

$$\mathrm{Sp}_{2n} = \left\{ M = \begin{pmatrix} A & B \\ C & D \end{pmatrix} \middle| {}^t M J_n M = J_n \right\}$$

によって定められます．ここで，$A, B, C, D$ はサイズ $R$ の正方行列であり，

$$J_n = \begin{pmatrix} O & -I_n \\ I_n & O \end{pmatrix}$$

です．ただし，$I_n = \begin{pmatrix} 1 & & 0 \\ & \ddots & \\ 0 & & 1 \end{pmatrix}$ は $n$ 次の単位行列 (教科書では $E_n$ が多い) です．したがって，

$$\mathrm{Sp}_{2n} = \left\{ M = \begin{pmatrix} A & B \\ C & D \end{pmatrix} \middle| \begin{matrix} {}^t A D - {}^t C B = I_n \\ {}^t A C = {}^t C A \\ {}^t B D = {}^t D B \end{matrix} \right\}$$

ともなります．

　昔は，この群は $\mathrm{Sp}_n$ と書かれることが多かったのですが，現在ではサイズ $2n$ を明示するために $\mathrm{Sp}_{2n}$ と書かれることになっています．環 $R$ に対しては

$$\mathrm{Sp}_{2n}(R) = Sp_{2n}(R) = \left\{ M = \begin{pmatrix} A & B \\ C & D \end{pmatrix} \in M_{2n}(R) \middle| {}^t M J_n M = J_n \right\}$$

です．とくに，$Sp_{2n}(\mathbb{Z})$ を ($n$ 次の) **ジーゲル・モジュラー群**と言います．これは，この群に関する保型形式を詳しく研究したジーゲル (C. L. Siegel) にちなんでいます．

　私は，37 年程昔，『2 次のジーゲル・モジュラー群 $Sp_2(\mathbb{Z})$ の保型形式に対するラマヌジャン予想の反例の発見』という内容の論文 (成立する可能性のある例も発見しました) を書きましたが，今では『2 次のジーゲル・モジュラー群 $Sp_4(\mathbb{Z})$ の保型形式に対するラマヌジャン予想の発見』と言い直さないと誤解されます．記号が変わるのも世の流れでしょうか．いずれにしましても，文献を見るときには注意してください．昔は $Sp_2(\mathbb{Z})$ はサイズ 4 の群 (次数 2 のジーゲル・モジュラー群) でしたが，今は $Sp_2(\mathbb{Z})$ は通常のモジュラー群 $SL_2(\mathbb{Z})$ というわけです．

## 4.5 楕円曲線とアーベル多様体

アーベル多様体は可換な代数群の一種です．正確には「完備代数群」のことです（可換性は，それから従います）．楕円曲線とは 1 次元アーベル多様体のことですので，言い換えると「1 次元完備代数群」のことです．楕円曲線というと，普通

$$y^2 = x^3 + ax + b$$

という方程式を思い浮かべますが，実際には代数群であることが重要です．たとえば，$\mathbb{Q}$ 上の楕円曲線 E に対して（このときは太字は使いません）$E(\mathbb{Q})$ はモーデル・ヴェイユ群と呼ばれる群で，有限生成アーベル群となっています．数学の七大問題の一つであるバーチ・スウィンナートンダイヤー予想（BSD 予想）はこの群 $E(\mathbb{Q})$ に関する予想です．

## 4.6 合同ゼータ

代数群 $\mathbb{G}$ に対して，基本となるゼータは**合同ゼータ**

$$\zeta_{\mathbb{G}/\mathbb{F}_p}(s) = \exp\left(\sum_{m=1}^{\infty} \frac{|\mathbb{G}(\mathbb{F}_{p^m})|}{m} p^{-ms}\right)$$

です．ここで，$p$ は素数で，$\mathbb{F}_p = \{0, 1, \cdots, p-1\}$ は $p$ 元体です．また，$\mathbb{F}_{p^m}$ は $\mathbb{F}_p$ の $m$ 次拡大体（各 $m$ に対して唯一）です．さらに，$|\mathbb{G}(\mathbb{F}_{p^m})|$ はは群 $\mathbb{G}(\mathbb{F}_{p^m})$ の位数（集合 $\mathbb{G}(\mathbb{F}_{p^m})$ の元の個数）を示しています．

なお，合同ゼータは，より一般に，代数多様体（スキーム）$X$ に対して

$$\zeta_{X/\mathbb{F}_p}(s) = \exp\left(\sum_{m=1}^{\infty} \frac{|X(\mathbb{F}_{p^m})|}{m} p^{-ms}\right)$$

と定義されます．ここで，$|X(\mathbb{F}_{p^m})|$ は集合 $X(\mathbb{F}_{p^m})$ の元の個数を示しま

す．代数多様体（スキーム）$X$ に対しては，関手

$$X : \mathrm{Ring} \longrightarrow \mathrm{Set}$$

という見方ができます：Set は集合の圏です．

合同ゼータにおいて注目してほしい点は，$\mathbb{F}_p$ だけでなく，その有限次拡大全体

$$\{\mathbb{F}_{p^m} \mid m = 1, 2, 3, \cdots\}$$

が使われていることです．有限体（$p^m$ 元体）$\mathbb{F}_{p^m}$ は 1830 年頃にガロア (1811 – 1832) によって発見されました．

合同ゼータについては，$p^{-s}$ の有理関数になること（ドボーク 1960, グロタンディーク 1965）およびリーマン予想の対応物が成立すること（ドリーニュ 1974）を含めて，かなりのことが知られています．それは，代数多様体一般の場合に得られていることも多いのですが，代数群特有のことも少なくありません．

## 4.7 ハッセゼータ

代数群 $\mathbb{G}$ に対して

$$\zeta_{\mathbb{G}/\mathbb{Z}}(s) = \prod_{p:\text{素数}} \zeta_{\mathbb{G}/\mathbb{F}_p}(s) = \exp\Big(\sum_{p:\text{素数}} \sum_{m=1}^{\infty} \frac{|\mathbb{G}(\mathbb{F}_{p^m})|}{m} p^{-ms}\Big)$$

と構成されるものがハッセゼータです．つまり，合同ゼータのすべての素数に関する積です．

これも，合同ゼータの場合と同じく，より一般の代数多様体（スキーム）$X$ に対してのハッセゼータが

$$\zeta_{X/\mathbb{Z}}(s) = \prod_{p:\text{素数}} \zeta_{X/\mathbb{F}_p}(s) = \exp\Big(\sum_{p:\text{素数}} \sum_{m=1}^{\infty} \frac{|X(\mathbb{F}_{p^m})|}{m} p^{-ms}\Big)$$

と構成されます．

谷山予想，フェルマー予想，ラングランズ予想，佐藤・テイト予想などの解決において鍵となるのが，ハッセゼータです．たとえば，谷山予想とフェルマー予想では楕円曲線（1次元完備代数群）のハッセゼータの解析接続が重要でした．ハッセゼータは，すべての複素数sへの解析接続が可能と予想されています（「ハッセ予想」あるいは「ラングランズ予想」）が，実証されているのは，全体から見ると未だ一部に留まっています．ただし，私がこの分野の研究をはじめた40年前には谷山予想もフェルマー予想も佐藤・テイト予想も証明されておらず，その後の進展具合は夢のようです．いずれも，ハッセゼータの解析接続のおかげです．

## 4.8 絶対ゼータ

絶対ゼータとは21世紀になって出現した新ゼータです．最も現代数学らしいゼータと言えます．代数群 $\mathbb{G}$ に対して，その絶対ゼータは合同ゼータの "$p \to 1$ の極限"

$$\zeta_{\mathbb{G}/\mathbb{F}_1}(s) = \lim_{p \to 1} \zeta_{\mathbb{G}/\mathbb{F}_p}(s)$$

として定義されます．ただし，$\mathbb{F}_1$ とは1元体のことです．また，一般の代数多様体（スキーム）$X$ に対しても，絶対ゼータが

$$\zeta_{X/\mathbb{F}_1}(s) = \lim_{p \to 1} \zeta_{X/\mathbb{F}_p}(s)$$

と定義されます．ここで，"$p \to 1$ の極限" には注意が必要ですが，本章は，あとで実例で見ていただくことにして，深入りしないことにします．

1元体 $\mathbb{F}_1$ や絶対数学については，世界で唯一の絶対数学の教科書

　　　　黒川信重・小山信也『絶対数学』 日本評論社，2010年

（参考文献 [4]）を見てください．絶対数学とリーマン予想との関係につきましては，[5][6][7] も参照してください．

上記のゼータの研究は

スーレ (2004 年；参考文献 [8])，

黒川 (2005 年；参考文献 [9])，

ダイトマー (2006 年；参考文献 [10])，

コンヌとコンサニ (2010 年，2011 年；参考文献 [11] [12])

によって推進されました．とくに，コンヌとコンサニは "$p \to 1$ の極限" を，"個数関数 (counting function)" というものを導入してわかりやすくし，$\mathbb{F}_1$ 上の有限次元スキームの絶対ゼータを「黒川テンソル積 (Kurokawa tensor product)」によって求めるという画期的な成果を得ています ([11] [12])．

## 4.9 乗法群のゼータ

ここでは乗法群 $\mathbb{G}_m$ のゼータを計算しておきましょう．

**定理 4.1**

(1) $\zeta_{\mathbb{G}_m/\mathbb{F}_p}(s) = \dfrac{1-p^{-s}}{1-p^{1-s}}$.

(2) $\zeta_{\mathbb{G}_m/\mathbb{Z}}(s) = \dfrac{\zeta(s-1)}{\zeta(s)}$.

ただし，$\zeta(s)$ はリーマンゼータ．

(3) $\zeta_{\mathbb{G}_m/\mathbb{F}_1}(s) = \dfrac{s}{s-1}$.

**証明**

(1) $\zeta_{\mathbb{G}_m/\mathbb{F}_p}(s) = \exp\left(\displaystyle\sum_{m=1}^{\infty} \frac{|\mathbb{G}_m(\mathbb{F}_{p^m})|}{m} p^{-ms}\right)$

$= \exp\left(\displaystyle\sum_{m=1}^{\infty} \frac{|\mathbb{F}_{p^m}^{\times}|}{m} p^{-ms}\right)$

$$= \exp\Bigl(\sum_{m=1}^{\infty} \frac{p^m - 1}{m} p^{-ms}\Bigr)$$

において，
$$\exp\Bigl(\sum_{m=1}^{\infty} \frac{x^m}{m}\Bigr) = \frac{1}{1-x} \quad (|x|<1)$$

を用いると，
$$\zeta_{\mathrm{G}m/\mathrm{F}p}(s) = \exp\Bigl(\sum_{m=1}^{\infty} \frac{(p^{1-s})^m}{m}\Bigr) \cdot \exp\Bigl(\sum_{m=1}^{\infty} \frac{(p^{-s})^m}{m}\Bigr)^{-1}$$
$$= \Bigl(\frac{1}{1-p^{1-s}}\Bigr) \cdot \Bigl(\frac{1}{1-p^{-s}}\Bigr)^{-1}$$
$$= \frac{1-p^{-s}}{1-p^{1-s}}.$$

なお，収束性を考慮しますと，ここでの計算は $\mathrm{Re}(s) > 1$ での計算とします．

(2) $\zeta_{\mathrm{G}m/\mathrm{Z}}(s) = \prod_{p} \zeta_{\mathrm{G}m/\mathrm{F}p}(s)$
$$= \prod_{p} \frac{1-p^{-s}}{1-p^{1-s}}$$
$$= \Bigl(\prod_{p} \frac{1}{1-p^{1-s}}\Bigr) \cdot \Bigl(\prod_{p} \frac{1}{1-p^{-s}}\Bigr)^{-1}$$
$$= \frac{\zeta(s-1)}{\zeta(s)}.$$

ここのオイラー積の収束範囲は $\mathrm{Re}(s) > 2$ です．

(3) $\zeta_{\mathrm{G}m/\mathrm{F}_1}(s) = \lim_{p \to 1} \zeta_{\mathrm{G}m/\mathrm{F}p}(s)$
$$= \lim_{p \to 1} \frac{1-p^{-s}}{1-p^{1-s}}$$
$$= \frac{s}{s-1}.$$

ここでの極限の計算はロピタルの定理などを用いれば良いですが，$q$ 類似の考え方を知っているとわかりやすいでしょう．それは，$0 < q < 1$ の

とき，複素数 $x$ に対して $q$ 類似を

$$[x]_q = \frac{1-q^x}{1-q}$$

とおくもので

$$\lim_{q \to 1}[x]_q = x$$

となることがわかります．これを用いると

$$\lim_{p \to 1}\frac{1-p^{-s}}{1-p^{1-s}} = \lim_{p \to 1}\frac{[s]_{p^{-1}}}{[s-1]_{p^{-1}}}$$
$$= \frac{s}{s-1}$$

と明快です． 証明終

ここで，

$$\zeta_{Fp}(s) = \frac{1}{1-p^{-s}}, \quad \zeta_Z(s) = \zeta(s), \quad \zeta_{F_1}(s) = \frac{1}{s}$$

を用いると次のようになります．

---

**定理 4.2**

(1) $\zeta_{Gm/Fp}(s) = \dfrac{\zeta_{Fp}(s-1)}{\zeta_{Fp}(s)}$ ．

　　関数等式は $s \longleftrightarrow 1-s : \zeta_{Gm/Fp}(1-s) = \dfrac{1}{p}\zeta_{Gm/Fp}(s)^{-1}$ ．

(2) $\zeta_{Gm/Z}(s) = \dfrac{\zeta_Z(s-1)}{\zeta_Z(s)}$ ．

　　関数等式は $s \longleftrightarrow 2-s : \hat{\zeta}_{Gm/Z}(2-s) = \hat{\zeta}_{Gm/Z}(s)^{-1}$ ．ただし，

$$\hat{\zeta}_{Gm/Z}(s) = \frac{\hat{\zeta}_Z(s-1)}{\hat{\zeta}_Z(s)}, \quad \hat{\zeta}_Z(s) = \hat{\zeta}(s) = \pi^{-\frac{s}{2}}\Gamma\left(\frac{s}{2}\right)\zeta(s).$$

(3) $\zeta_{Gm/F_1}(s) = \dfrac{\zeta_{F_1}(s-1)}{\zeta_{F_1}(s)}$ ．

　　関数等式は $s \longleftrightarrow 1-s : \zeta_{Gm/F_1}(1-s) = \zeta_{Gm/F_1}(s)^{-1}$ ．

**証明** 関数等式のみチェックすれば充分でしょう．それらは
$$\zeta_{\mathbb{F}_p}(-s) = -p^{-s}\zeta_{\mathbb{F}_p}(s), \quad \hat{\zeta}_{\mathbb{Z}}(1-s) = \hat{\zeta}_{\mathbb{Z}}(s) \quad [\text{第2回参照}],$$
$$\zeta_{\mathbb{F}_1}(-s) = -\zeta_{\mathbb{F}_1}(s)$$
を用いればわかります．たとえば
$$\zeta_{\mathbb{G}_m/\mathbb{F}_p}(1-s) = \frac{\zeta_{\mathbb{F}_p}(-s)}{\zeta_{\mathbb{F}_p}(1-s)}$$
$$= \frac{-p^{-s}\zeta_{\mathbb{F}_p}(s)}{-p^{1-s}\zeta_{\mathbb{F}_p}(s-1)}$$
$$= \frac{1}{p}\zeta_{\mathbb{G}_m/\mathbb{F}_p}(s)^{-1}$$
などです． **証明終**

より一般に
$$\mathbb{G}_m^{\otimes n} = \overbrace{\mathbb{G}_m \times \cdots \times \mathbb{G}_m}^{n個}$$
についても書いておきましょう．$n=1$ は済んでいますので，$n \geq 2$ とします．

---

**定理 4.3**

$n \geq 2$ のとき次が成立する．

(1) $\zeta_{\mathbb{G}_m^{\otimes n}/\mathbb{F}_p}(s) = \prod_{j=0}^{n}(1-p^{j-s})^{(-1)^{n+1-j}\binom{n}{j}} = \prod_{j=0}^{n}\zeta_{\mathbb{F}_p}(s-j)^{(-1)^{n-j}\binom{n}{j}}.$

　関数等式は $s \longleftrightarrow n-s : \zeta_{\mathbb{G}_m^{\otimes n}/\mathbb{F}_p}(n-s) = \zeta_{\mathbb{G}_m^{\otimes n}/\mathbb{F}_p}(s)^{(-1)^n}.$

(2) $\zeta_{\mathbb{G}_m^{\otimes n}/\mathbb{Z}}(s) = \prod_{j=0}^{n}\zeta(s-j)^{(-1)^{n-j}\binom{n}{j}} = \prod_{j=0}^{n}\zeta_{\mathbb{Z}}(s-j)^{(-1)^{n-j}\binom{n}{j}}.$

　関数等式は $s \longleftrightarrow n+1-s : \hat{\zeta}_{\mathbb{G}_m^{\otimes n}/\mathbb{Z}}(n+1-s) = \hat{\zeta}_{\mathbb{G}_m^{\otimes n}/\mathbb{Z}}(s)^{(-1)^n}.$

(3) $\zeta_{\mathbb{G}_m^{\otimes n}/\mathbb{F}_1}(s) = \prod_{j=0}^{n}(s-j)^{(-1)^{n+1-j}\binom{n}{j}} = \prod_{j=0}^{n}\zeta_{\mathbb{F}_1}(s-j)^{(-1)^{n-j}\binom{n}{j}}.$

　関数等式は $s \longleftrightarrow n-s : \zeta_{\mathbb{G}_m^{\otimes n}/\mathbb{F}_1}(n-s) = \zeta_{\mathbb{G}_m^{\otimes n}/\mathbb{F}_1}(s)^{(-1)^n}.$

**証明** 個数の計算

$$|\mathbb{G}_m^{\otimes n}(\mathbb{F}_q)| = \left|\overbrace{\mathbb{F}_q^\times \times \cdots \times \mathbb{F}_q^\times}^{n個}\right|$$
$$= (q-1)^n$$
$$= \sum_{j=0}^n (-1)^{n-j}\binom{n}{j}q^j$$

を用いればよいわけです．たとえば，

$$\zeta_{\mathbb{G}_m^{\otimes n}/\mathbb{F}_p}(s) = \exp\Big(\sum_{m=1}^\infty \frac{(p^m-1)^n}{m}p^{-ms}\Big)$$
$$= \exp\Big(\sum_{m=1}^\infty \frac{1}{m}\Big(\sum_{j=0}^n (-1)^{n-j}\binom{n}{j}p^{mj}\Big)p^{-ms}\Big)$$
$$= \prod_{j=0}^n \Big(\exp\Big(\sum_{m=1}^\infty \frac{1}{m}p^{-m(s-j)}\Big)\Big)^{(-1)^{n-j}\binom{n}{j}}$$
$$= \prod_{j=0}^n (1-p^{-(s-j)})^{(-1)^{n+1-j}\binom{n}{j}}.$$

関数等式

$$\zeta_{\mathbb{G}_m^{\otimes n}/\mathbb{F}_p}(n-s) = \zeta_{\mathbb{G}_m^{\otimes n}/\mathbb{F}_p}(s)^{(-1)^n}$$

においては，見た目には出てくる $p$ のべきの項は，$n \geq 2$ では，消えてしまうことに注意してください． **証明終**

## 4.10 特殊線形群のゼータ

一番簡単な $SL_2$ の場合をやります．

**定理 4.4**

(1) $\zeta_{SL_2/\mathbb{F}_p}(s) = \dfrac{1-p^{1-s}}{1-p^{3-s}} = \dfrac{\zeta_{\mathbb{F}_p}(s-3)}{\zeta_{\mathbb{F}_p}(s-1)}.$

関数等式は $s \longleftrightarrow 4-s : \zeta_{SL_2/\mathbb{F}_p}(4-s) = \dfrac{1}{p^2}\zeta_{SL_2/\mathbb{F}_p}(s)^{-1}.$ :

(2) $\zeta_{SL_2/\mathbb{Z}}(s) = \dfrac{\zeta(s-3)}{\zeta(s-1)} = \dfrac{\zeta_{\mathbb{Z}}(s-3)}{\zeta_{\mathbb{Z}}(s-1)}.$

関数等式は $s \longleftrightarrow 5-s : \hat{\zeta}_{SL_2/\mathbb{Z}}(5-s) = \hat{\zeta}_{SL_2/\mathbb{Z}}(s)^{-1}.$

(3) $\zeta_{SL_2/\mathbb{F}_1}(s) = \dfrac{s-1}{s-3} = \dfrac{\zeta_{\mathbb{F}_1}(s-3)}{\zeta_{\mathbb{F}_1}(s-1)}.$

関数等式は $s \longleftrightarrow 4-s : \zeta_{SL_2/\mathbb{F}_1}(4-s) = \zeta_{SL_2/\mathbb{F}_1}(s)^{-1}.$

**証明** 個数の計算

$$|SL_2(\mathbb{F}_q)| = |SL_2(\mathbb{F}_q)| = q^3 - q$$

を用いると，今までと同じです． **証明終**


**問題** $GL_2$ に対して定理 4.4 と同じことを行ってください．

**ヒント** $|GL_2(\mathbb{F}_q)| = q^4(1-q^{-1})(1-q^{-2})$
$= q^4 - q^3 - q^2 + q.$

**解答**

(1) $\zeta_{GL_2/\mathbb{F}_p}(s) = \exp\left(\displaystyle\sum_{m=1}^{\infty} \dfrac{p^{4m}-p^{3m}-p^{2m}+p^m}{m} p^{-ms}\right)$

$= \dfrac{(1-p^{3-s})(1-p^{2-s})}{(1-p^{4-s})(1-p^{1-s})}$

$= \dfrac{\zeta_{\mathbb{F}_p}(s-4)\zeta_{\mathbb{F}_p}(s-1)}{\zeta_{\mathbb{F}_p}(s-3)\zeta_{\mathbb{F}_p}(s-2)}.$

関数等式は $s \longleftrightarrow 5-s : \zeta_{GL_2/\mathbb{F}_p}(5-s) = \zeta_{GL_2/\mathbb{F}_p}(s).$

(2) $\zeta_{\mathrm{GL}_2/\mathbb{Z}}(s) = \dfrac{\zeta(s-4)\zeta(s-1)}{\zeta(s-3)\zeta(s-2)}$

$= \dfrac{\zeta_\mathbb{Z}(s-4)\zeta_\mathbb{Z}(s-1)}{\zeta_\mathbb{Z}(s-3)\zeta_\mathbb{Z}(s-2)}.$

関数等式は $s \longleftrightarrow 6-s : \hat{\zeta}_{\mathrm{GL}_2/\mathbb{Z}}(6-s) = \hat{\zeta}_{\mathrm{GL}_2/\mathbb{Z}}(s).$ :

(3) $\zeta_{\mathrm{GL}_2/\mathbb{F}_1}(s) = \dfrac{(s-3)(s-2)}{(s-4)(s-1)}$

$= \dfrac{\zeta_{\mathbb{F}_1}(s-4)\zeta_{\mathbb{F}_1}(s-1)}{\zeta_{\mathbb{F}_1}(s-3)\zeta_{\mathbb{F}_1}(s-2)}.$

関数等式は $s \longleftrightarrow 5-s : \zeta_{\mathrm{GL}_2/\mathbb{F}_1}(5-s) = \zeta_{\mathrm{GL}_2/\mathbb{F}_1}(s).$ 　　［解答終］

## 参考文献

[1] 黒川信重『リーマン予想の先へ』東京図書, 2013 年 4 月刊.

[2] 黒川信重『オイラー, リーマン, ラマヌジャン：時空を超えた数学者の接点』岩波書店, 2006 年.

[3] 黒川信重・小山信也『ABC 予想入門』PHP 新書, 2013 年 4 月刊.

[4] 黒川信重・小山信也『絶対数学』日本評論社, 2010 年.

[5] 黒川信重・小山信也『多重三角関数論講義』日本評論社, 2010 年.

[6] 黒川信重『現代三角関数論』岩波書店, 2013 年.

[7] 黒川信重『リーマン予想の探求：ABC から Z まで』技術評論社, 2012 年.

[8] C. Soulé "Les variétés sur le corps à un élément", Moscow Math. J. 4 (2004) 217-244.

[9] N. Kurokawa "Zeta functions over $\mathbb{F}_1$", Proc. Japan Acad. Ser. A Math. Sci. 81 (2005) 180-184.

[10] A. Deitmar "Remarks on zeta functions and K-theory over $\mathbb{F}_1$", Proc. Japan Acad. Ser. A Math. Sci. 82 (2006) 141-146.

[11] A. Connes and C. Consani "Schemes over $\mathbb{F}_1$ and zeta functions", Compositio Math. 146 (2010) 1383-1415.

[12] A. Connes and C. Consani "Characteristic 1, entropy and the absolute point", in : "Noncommutative Geometry, Arithmetic, and Related Topics, Proceedings of the JAMI Conference 2009", Johns Hopkins Univ. Press (2011) 75-139.

# 第5章
# ゼータと素朴な玉河数

代数群の重要な量に「玉河数」というものがあります．本章は素朴な見方に限定してゼータとの関連を見ます．それは，未来への問題である「深リーマン予想」へとつながって行きます．鍵となるのはオイラー積です．

## 5.1 玉河数とは

代数群 $\mathbb{G}$ や代数多様体（スキーム）$X$ に対して

$$\mathrm{Tam}(\mathbb{G}) = \prod_{p:素数} \frac{|\mathbb{G}(\mathbb{F}_p)|}{p^{\dim \mathbb{G}}},$$

$$\mathrm{Tam}(X) = \prod_{p:素数} \frac{|X(\mathbb{F}_p)|}{p^{\dim X}}$$

を「素朴な玉河数」と呼ぶことにします．これらの無限積は，（絶対あるいは条件）収束するかどうか不明のため，収束性や発散度を見るために，$t > 0$ に対して

$$\mathrm{Tam}_t(\mathbb{G}) = \prod_{p \leq t} \frac{|\mathbb{G}(\mathbb{F}_p)|}{p^{\dim \mathbb{G}}},$$

$$\mathrm{Tam}_t(X) = \prod_{p \leq t} \frac{|X(\mathbb{F}_p)|}{p^{\dim X}}$$

とおくことにします．もちろん，どちらも有限積です．

本来の玉河数はとても専門的です．それは，代数群 $\mathbb{G}$ に対して（$\mathbb{Q}$

上とします)

$$\tau(\mathbb{G}) = \int_{G(\mathbb{Q})\backslash G(\mathbb{A})} \omega_{\mathbb{A}}$$
$$= \tau_0(\mathbb{G}) \times \tau_\infty(\mathbb{G}),$$
$$\tau_0(\mathbb{G}) = \prod_{p:素数} \int_{G(\mathbb{Z}_p)} \omega_p,$$
$$\tau_\infty(\mathbb{G}) = \int_{G(\mathbb{Z})\backslash G(\mathbb{R})} \omega_\infty$$

という風に定義されるもの———$\mathbb{Z}$ は整数環，$\mathbb{Z}_p$ は $p$ 進整数環，$\mathbb{A}$ は有理数体 $\mathbb{Q}$ のアデール環で，$\omega_{\mathbb{A}}, \omega_p, \omega_\infty$ は玉河測度 (その詳細は省略します) と呼ばれるもの———ですが，本章の $\mathrm{Tam}(\mathbb{G})$ は，ほぼ $\tau_0(\mathbb{G})$ ("整数論的部分") と考えていただければ充分です．

いわゆる「玉河数予想」とは

『単連結な半単純代数群 $\mathbb{G}$ に対しては $\tau(\mathbb{G}) = 1$』

が成立するというものです．最も基本的な場合である $\mathbb{G} = \mathrm{SL}_2$ のときに $\tau(\mathrm{SL}_2) = 1$ となることの証明は小野孝先生の本 [1] を見てください．

この予想は，1960 年頃のヴェイユ [2][3]，小野 [4][5]，玉河 [6] による研究の後，ラングランズ [7][8] による研究を経て，1980 年代末にセルバーグ跡公式の変型版を駆使してコットウィッツ [9] とチェルノウソフ [10] の論文によって解決しました (コットウィッツがハッセ原理の下で玉河数予想を証明し，チェルノウソフがハッセ原理が未証明で残っていた $E_8$ の場合を証明)．もともとは，ジーゲルによる 2 次形式の研究 (1930 年代後半) を玉河恒夫が玉河数を導入すること (玉河 [6] を参照) によって

『直交群 $\mathbb{G}$ に対して $\tau(\mathbb{G}) = 2$』

と書き直したことが，玉河数研究の起源です．基本的な考え方は，「整数論的部分 $\tau_0(\mathbb{G})$ と解析的部分 $\tau_\infty(\mathbb{G})$ を掛けると，打ち消しあって $\tau(\mathbb{G})$ は有理数や自然数などの簡単な形になる」というものです．

玉河数予想の話は，いったん，これで終ったのですが，素朴な玉河数の考えはバーチ・スウィンナートンダイヤー予想（省略した形で「BSD 予想」としばしば呼ばれる）やリーマン予想の深化した深リーマン予想の未来へと続いていることがわかってきました．

## 5.2　空からの眺め

実は，本章の原稿はボルチモア（米国東部）から日本への機上（2013年4月）で書いています．飛行機は書き物をするには絶好の環境です．ボルチモアのジョンズ・ホプキンス大学日米数学研究所（JAMI）において開催された小野孝先生記念シンポジウムに参加し，講演

　　"Dualities for absolute zeta functions and multiple gamma functions"

を行っての帰途です．講演内容は絶対ゼータと多重ガンマ・多重三角の関連ですので，この連載で触れる機会が出てくるかも知れません．

さて，今回の旅は，いろいろと深く考えさせられた訪問でした．ボルチモアは 23 年前の 1990 年春に 3ヶ月間滞在し研究させていただいた，とても好きな場所です．その頃，私は多重ゼータの研究（いまで言う「黒川テンソル積（Kurokawa tensor product）」の研究）や多重三角関数の研究を行っていて，セミナーでその講義をしていました．玉河数予想が 1980 年代末に解決した直後の時期でした．まだ，フェルマー予想も谷山予想も佐藤テイト予想も解かれていなかった平和な時代です．私も 30 代でした．日本における保型形式の研究も元気な時で，研究者

も活気にあふれていました．あれから20余年，時は過ぎてしまいました．今回の滞在中には，どのように次の世代に数学研究を（コンパクトに）伝えて行くべきかの話も，普段なかなか会えない人とすることができたのは収穫でした．

小野孝先生は長年ジョンズ・ホプキンス大学の教授をつとめられ，昨年（2012年）退職されました．小野先生は1928年（昭和三年）の生まれですので，現在84歳ですが，とてもお元気です．今年（2013年）の12月21日〜23日に大阪で小野孝先生記念シンポジウムが開催されます．このたびの滞在でも，23年前のときも，小野先生と奥様にとてもお世話になりました．小野先生の研究は多岐にわたっていますが，一つだけあげますと，1960年代に行われた玉河数の研究があります．玉河数はゼータに深く結びついています．

そこで，本章はゼータと玉河数の関連を書こうと思い立ったわけです．ところが，ちょっと調べてみて，玉河数についての解説———一般の人が手に取れて理解しやすいもの———がほとんどないことに気付きました．小野先生の著書『ガウスの和　ポアンカレの和：数論の最前線から』（参考文献 [1]）の付録1「整数論＝素数論」（初出は『数学セミナー』1991年10月号）は，稀な例外のように見えます．そこには，玉河数の話がちゃんと出ています．

玉河数は，とても重要なものですが，通常は専門家の間でのみ議論の対象にされています．これは，とてももったいないことで，残念なことです．ボルチモア訪問で深く考えさせられたことの一つは，数学を伝えて行くことの重要さですが，それは同時に数学研究を次世代へと受け継いで行くことに危機を感じているからでもあります．

という次第で，本章は簡単な視点から玉河数を見ることによって，未来への問題を考えてみます．これは，空からの眺めのように，数学の見通しを良くするでしょう．

## 5.3 特殊線形群の素朴な玉河数

最も基本的な $\mathrm{SL}_2$ からはじめます．

**定理 5.1**
$$\mathrm{Tam}(\mathrm{SL}_2) = \frac{1}{\zeta(2)} = \frac{6}{\pi^2}.$$

**証明** 前回用いた
$$|\mathrm{SL}_2(\mathbb{F}_p)| = p^3 - p = p^3(1 - p^{-2})$$
を使います．ここで，次数は $3 = \dim(\mathrm{SL}_2)$ となっています．したがって，
$$\mathrm{Tam}(\mathrm{SL}_2) = \prod_p \frac{p^3(1-p^{-2})}{p^3} = \prod_p (1 - p^{-2}).$$
ところで，リーマンゼータのオイラー積表示
$$\zeta(s) = \prod_p \frac{1}{1 - p^{-s}}$$
を思い出すことにより（たとえば，$s > 1$ で成立），
$$\prod_p (1 - p^{-s}) = \frac{1}{\zeta(s)}$$
となります．したがって，
$$\mathrm{Tam}(\mathrm{SL}_2) = \frac{1}{\zeta(2)} = \frac{6}{\pi^2}$$
とわかります． **証明終**

次に，$n = 3, 4, \cdots$ の $\mathrm{Tam}(\mathrm{SL}_n)$ に対しては $n = 2$ のときの $6/\pi^2$ という表示に当たるものは，（今のところ）一般には無理ですが，ゼータで書くことができます．

**定理 5.2**

$n \geq 3$ に対して
$$\mathrm{Tam}(\mathrm{SL}_n) = \frac{1}{\zeta(2)\zeta(3)\cdots\zeta(n)}.$$

**証明** 個数計算
$$|\mathrm{SL}_n(\mathbb{F}_p)| = p^{n^2-1}(1-p^{-2})\cdots(1-p^{-n})$$
と次元計算
$$\dim(\mathrm{SL}_n) = n^2 - 1$$
を用いることによって,
$$\mathrm{Tam}(\mathrm{SL}_n) = \prod_p \frac{p^{n^2-1}(1-p^{-2})\cdots(1-p^{-n})}{p^{n^2-1}}$$
$$= \prod_p (1-p^{-2})\cdots(1-p^{-n})$$
$$= \frac{1}{\zeta(2)\cdots\zeta(n)}.$$

たとえば
$$\mathrm{Tam}(\mathrm{SL}_3) = \frac{1}{\zeta(2)\zeta(3)} = \frac{6}{\pi^2\zeta(3)}$$
ですので, より精密な表示を得るには $\zeta(3)$ を求めることが必要になります. 逆に言いますと, $\zeta(3)$ の玉河数 (素朴版) による解釈を与えていることにもなっています.

## 5.4　2 次の直交群の素朴な玉河数

2 次の直交群
$$\mathrm{SO}_2 = \left\{ \begin{pmatrix} x & -y \\ y & x \end{pmatrix} \,\Big|\, x^2 + y^2 = 1 \right\}$$
$$\cong \{(x, y) \mid x^2 + y^2 = 1\}$$

の素朴な玉河数を計算しましょう．演算は行列の積ですが$(x, y)$について書くと次の通りです：

$$\begin{cases} (x_1, y_1)(x_2, y_2) = (x_1 x_2 - y_1 y_2, x_1 y_2 + x_2 y_1), \\ \text{単位元は } (1, 0), \\ \text{逆元は} \quad (x, y)^{-1} = (x, -y). \end{cases}$$

**定理 5.3**

$$\mathrm{Tam}(\mathbb{SO}_2) = \frac{4}{\pi}.$$

**証明**
$$\mathrm{Tam}(\mathbb{SO}_2) = \prod_p \frac{|\mathbb{SO}_2(\mathbb{F}_p)|}{p^{\dim \mathbb{SO}_2}}$$

において

$$\dim \mathbb{SO}_2 = 1,$$
$$|\mathbb{SO}_2(\mathbb{F}_p)| = \left| \left\{ (x, y) \,\middle|\, \begin{array}{l} x, y \in \mathbb{F}_p \\ x^2 + y^2 = 1 \end{array} \right\} \right|$$
$$= p - \chi(p)$$

となります．ここで，

$$\chi(p) = \begin{cases} 1 & \cdots \ p \equiv 1 \mod 4 \\ -1 & \cdots \ p \equiv 3 \mod 4 \\ 0 & \cdots \ p = 2 \end{cases}$$

です．この$\chi$は mod 4 の (非自明) ディリクレ指標となっています．したがって，

$$\mathrm{Tam}(\mathbb{SO}_2) = \prod_p \frac{p - \chi(p)}{p}$$
$$= \prod_p \left(1 - \frac{\chi(p)}{p}\right)$$

となります．そこで，メルテンス [12] (1874 年) の結果
$$\prod_p \left(1 - \frac{\chi(p)}{p}\right)^{-1} = \frac{\pi}{4}$$
を用いますと，
$$\mathrm{Tam}(\mathrm{SO}_2) = \frac{4}{\pi}$$
がわかります． **証明終**

ここで，いくつか注意を払わないといけない点があります．

(1) $\prod_p \left(1 - \frac{\chi(p)}{p}\right)$

は絶対収束ではありませんので
$$\lim_{t \to \infty} \prod_{p \leq t} \left(1 - \frac{\chi(p)}{p}\right) = \lim_{t \to \infty} \prod_{\substack{p \leq t \\ p\text{は奇素数}}} \left(1 - \frac{(-1)^{\frac{p-1}{2}}}{p}\right)$$
として計算しています．条件収束となっていて，素数の順番を変えると結果は違ってきます．その様子は参考文献 [18] の第 4 章で見てください．

(2) メルテンス [12] (1874 年) の結果は，ディリクレ $L$ 関数
$$L(s, \chi) = \sum_{n=1}^{\infty} \frac{\chi(n)}{n^s} = \prod_p \left(1 - \frac{\chi(p)}{p^s}\right)^{-1}$$
を $\mathrm{Re}(s) > 1$ から複素数 $s$ 全体へと解析接続したときに
$$\lim_{t \to \infty} \prod_{p \leq t} \left(1 - \frac{\chi(p)}{p}\right)^{-1} = L(1, \chi) = \frac{\pi}{4}$$
となることを証明したものです．$s = 1$ は解析接続後に得られるところですので，そこにおいてオイラー積との対応があることは，とても自明とは言えないことです．実際，ディリクレの素数定理 (等差数列に対する素数定理) と同等程度の解析は必要になります．メルテンス [12] は，それを注意深く実行しています．なお，

$$\prod_p \left(1 - \frac{\chi(p)}{p}\right)^{-1} = \frac{\pi}{4}$$

という式自体はオイラー [11] (1737 年) が書いています (証明は厳密とは言えません). メルテンスの上記の定理の現代的な証明 (タウベル型定理を用いる) は参考文献 [18] (第 4 章) を読んでください.

(3) メルテンスは『メルテンスの定理』

$$\prod_{p \leq t} \left(1 - \frac{1}{p}\right)^{-1} \sim e^{\gamma} \log t$$

つまり

$$\lim_{t \to \infty} \frac{\prod_{p \leq t} \left(1 - \frac{1}{p}\right)^{-1}}{\log t} = e^{\gamma}$$

で有名です. ここで,

$$\gamma = \lim_{n \to \infty} \left(1 + \frac{1}{2} + \cdots + \frac{1}{n} - \log n\right) = 0.577\cdots\cdots$$

はオイラーの定数です. これは, メルテンスの同じ論文 [12] で証明されています. $\zeta(s)$ のオイラー積の $s=1$ のところの様子を示している

$$\lim_{t \to \infty} \frac{\prod_{p \leq t} \left(1 - \frac{1}{p}\right)^{-1}}{\log t} = e^{\gamma}$$

は有名なメルテンス定理なのですが, $L(s, \chi)$ のオイラー積の $s=1$ のところの様子を示している

$$\lim_{t \to \infty} \prod_{p \leq t} \left(1 - \frac{\chi(p)}{p}\right)^{-1} = \frac{\pi}{4}$$

の方はメルテンス [12] で証明されていたことさえ, 専門家にも, ほとんど忘れられているのが現状です.

この 2 つをペアにして (あるいは任意のディリクレ指標版にして)『メルテンス定理』と呼ぶべきでしょう. まとめておきましょう.

> **定理 5.4**
>
> **メルテンス定理**
>
> $\omega$ をディリクレ指標とする.
>
> (1) $L(1, \omega) = \infty$ なら
> $$\lim_{t \to \infty} \frac{\prod_{p \leq t}\left(1 - \frac{\omega(p)}{p}\right)^{-1}}{\log t} = e^{\gamma} \cdot \operatorname{Res}_{s=1} L(s, \omega).$$
>
> (2) $L(1, \omega) \neq \infty$ なら
> $$\lim_{t \to \infty} \prod_{p \leq t}\left(1 - \frac{\omega(p)}{p}\right)^{-1} = L(1, \omega).$$

証明は [18] 第 4 章を参照してください.

## 5.5 楕円曲線の素朴な玉河数

$\mathbb{Q}$ 上の楕円曲線 $E$ に対して, 素朴な玉河数

$$\operatorname{Tam}(E) = \prod_{p} \frac{|E(\mathbb{F}_p)|}{p}$$

および有限版

$$\operatorname{Tam}_t(E) = \prod_{p \leq t} \frac{|E(\mathbb{F}_p)|}{p}$$

は, バーチ・スウィンナートンダイヤー予想 (BSD 予想) および深リーマン予想と結びついていて, とても興味深いものです.

バーチとスウィンナートンダイヤー [13] (1965 年) の BSD 予想原型版は次のようでした.

> **BSD 予想原型**
>
> $r = \mathrm{rank}\, E(\mathbb{Q})$ とすると
> $$\lim_{t\to\infty} \frac{\mathrm{Tam}_t(E)}{(\log t)^r}$$
> は 0 でない有限値に収束する．

なお，その際の有限値とは
$$L^{(r)}(1, E/\mathbb{Q})^{-1} \times r!\sqrt{2}\, e^{r\gamma}$$
となることがわかります．ここで，$L(s, E/\mathbb{Q})$ は $E$ の $L$ 関数です（後で触れます）．

バーチとスウィンナートンダイヤー [13]（1965 年）はジーゲルの発想に基づいて，
$$\mathrm{Tam}_t(E) = \prod_{p \leq t} \frac{|E(\mathbb{F}_p)|}{p}$$
が $t \to \infty$ に行く様子を，いろいろな E に対して数値計算することによって実験した報告です．それは，1950 年代の終りから 1960 年代の前半にかけてイギリスのケンブリッジ大学に導入された初期のコンピューター EDSAC による計算でした．その結果，（ほぼ）上記の予想（BSD 予想原型版）に到着しました．[同時期に日本では佐藤幹夫が日立のコンピューター・パラメトロンを使って数値実験を行い佐藤テイト予想を提出しました：1963 年 3 月〜5 月に定式化．]

ただし，そのときには，バーチとスウィンナートンダイヤーは，この素朴な玉河数の形は発見的考察に使い，結局は，現在用いられている，次の形の定式化を与えました：$s = 1$ は期待される関数等式 $s \leftrightarrow 2 - s$ の中心点です．

> **BSD 予想**
>
> $$\mathrm{ord}_{s=1} L(s, E/\mathbb{Q}) = \mathrm{rank}\, E(\mathbb{Q}).$$

[さらに，$L(s, E/\mathbb{Q})$ の $s=1$ におけるテイラー展開の先頭項の係数を $E$ の量によって明示する公式も予想しましたが，ここでは略します．]

　そのようにして，BSD 予想のはじめとなった BSD 予想原型版は，ほとんど忘れ去られてしまいました．関数等式の中心線 $\mathrm{Re}(s)=1$ 上（とくに中心点 $s=1$）の零点はリーマン予想に関与することは明らかだったのですが．

　時が経って，BSD 原型版を再生させたのは 1982 年のゴールドフェルトの偉大な論文 [14] です．明白にリーマン予想 [RH] が出現しました．

---

**定理 5.5**

**ゴールドフェルトの定理**

　$E$ を $\mathbb{Q}$ 上の楕円曲線とする．
$$\lim_{t\to\infty}\frac{\mathrm{Tam}_t(E)}{(\log t)^{\mathrm{rank}\,E(\mathbb{Q})}}$$
が 0 でない有限値に収束すると仮定すると，次が成立する．
(1) $\mathrm{ord}_{s=1}L(s, E/\mathbb{Q}) = \mathrm{rank}\,E(\mathbb{Q})$. 　　　　[BSD]
(2) $L(s, E/\mathbb{Q})$ は $\mathrm{Re}(s)>1$ において零点なし．　　[RH]

---

　このことを，より精密に解析したものが 2005 年のコンラッド [15]，クオ・マーティ [16] です．ただ，それほど話題にはなりませんでした．この状況を「深リーマン予想」として解説したのが私の 2 つの本

　　『リーマン予想の先へ』

　　　　　　(2013 年；参考文献 [18])，

　　『リーマン予想の探求：ABC から Z まで』

　　　　　　(2012 年；参考文献 [19])

です．また，論文としては木村・小山・黒川 [17]（2012 年）を見てください．いずれにしましても，数学七大問題のうちの二つ「リーマン予想」「BSD 予想」が深リーマン予想から誘導されるのは美事な風景です．

簡単に背景を説明しましょう．楕円曲線 $E$ の導手を $N_E$ としたとき
$$L(s, E/\mathbb{Q}) = \prod_{p \nmid N_E} (1 - a(p, E) p^{-s} + p^{1-2s})^{-1}$$
$$\times \prod_{p | N_E} (1 - a(p, E) p^{-s})^{-1}$$
です．ただし，
$$a(p, E) = p + 1 - |E(\mathbb{F}_p)|.$$
すると，形式的には（さらに $p | N_E$ という有限個の因子を除いて）
$$L(1, E/\mathbb{Q}) \cong \prod_{p \nmid N_E} \left(1 - \frac{a(p, E)}{p} + \frac{1}{p}\right)^{-1}$$
$$= \prod_{p \nmid N_E} \left(\frac{|E(\mathbb{F}_p)|}{p}\right)^{-1}$$
$$\cong \mathrm{Tam}(E)^{-1}$$
ということになります．つまり，$\mathrm{Tam}(E)$ は $L(s, E)$ の中心オイラー積（関数等式の中心 [今の場合は $s = 1$] におけるオイラー積）の逆数です．このようにして，一般に，「中心オイラー積の漸近収束」という「深リーマン予想」が浮び上がってきます（5.7 参照）．

## 5.6 代数群でない場合の素朴な玉河数

ここでは，$n-1$ 次元の球面と思える
$$X_n = \{(x_1, \cdots, x_n) \mid x_1^2 + \cdots + x_n^2 = 1\}$$
を考えます．$X_2$ は $\mathbb{SO}_2$ と同じことです．$\chi$ は 5.5 と同じ指標です．

### 定理 5.6

$n \geq 2$ とすると，$\mathrm{Tam}(X_n) \in \pi^{-[\frac{n}{2}]}\mathbb{Q}^{\times}$.

ここで，$\left[\frac{n}{2}\right]$ は $\frac{n}{2}$ の整数部分 ($\frac{n}{2}$ 以下の最大の整数) を表すガウス記号．より詳しくは次の通り．

(1) $n = 4m$ $(m = 1, 2, 3, \cdots)$ なら
$$\mathrm{Tam}(X_{4m}) = \prod_{p:奇素数}\left(1 - \frac{1}{p^{2m}}\right)$$
$$= \frac{2^{2m}}{(2^{2m}-1)\zeta(2m)} \in \frac{1}{\pi^{2m}}\mathbb{Q}^{\times}.$$

(2) $n = 4m+1$ $(m = 1, 2, 3, \cdots)$ なら
$$\mathrm{Tam}(X_{4m+1}) = \prod_{p:奇素数}\left(1 + \frac{1}{p^{2m}}\right)$$
$$= \frac{(1-2^{-2m})\zeta(2m)}{(1-2^{-4m})\zeta(4m)}$$
$$= \frac{\zeta(2m)}{(1+2^{-2m})\zeta(4m)} \in \frac{1}{\pi^{2m}}\mathbb{Q}^{\times}.$$

(3) $n = 4m+2$ $(m = 0, 1, 2, \cdots)$ なら
$$\mathrm{Tam}(X_{4m+2}) = \prod_{p}\left(1 - \frac{\chi(p)}{p^{2m+1}}\right)$$
$$= \frac{1}{L(2m+1, \chi)} \in \frac{1}{\pi^{2m+1}}\mathbb{Q}^{\times}.$$

(4) $n = 4m+3$ $(m = 0, 1, 2, \cdots)$ なら
$$\mathrm{Tam}(X_{4m+3}) = \prod_{p}\left(1 + \frac{\chi(p)}{p^{2m+1}}\right)$$
$$= \frac{L(2m+1, \chi)}{(1-2^{-4m-2})\zeta(4m+2)} \in \frac{1}{\pi^{2m+1}}\mathbb{Q}^{\times}.$$

**証明** アイルランド・ローゼンの教科書 [20] において証明されている結果

$$|X_n(\mathbb{F}_p)| = \begin{cases} p^{\frac{n-1}{2}}\left(p^{\frac{n-1}{2}}+\chi(p)^{\frac{n-1}{2}}\right) & \cdots\ n:\text{奇数} \\ p^{\frac{n}{2}-1}\left(p^{\frac{n}{2}}-\chi(p)^{\frac{n}{2}}\right) & \cdots\ n:\text{偶数} \end{cases}$$

を用いれば，$\mathrm{Tam}(X_n)$ は簡単な計算で求まります． **証明終**

**例** $\mathrm{Tam}(X_n)$ を $n=2,\cdots,8$ で書いておきます．面白いパターンが見つかるでしょうか．

(1) $\mathrm{Tam}(X_2) = \dfrac{4}{\pi},$   (2) $\mathrm{Tam}(X_3) = \dfrac{2}{\pi},$

(3) $\mathrm{Tam}(X_4) = \dfrac{8}{\pi^2},$   (4) $\mathrm{Tam}(X_5) = \dfrac{12}{\pi^2},$

(5) $\mathrm{Tam}(X_6) = \dfrac{32}{\pi^3},$   (6) $\mathrm{Tam}(X_7) = \dfrac{30}{\pi^3},$

(7) $\mathrm{Tam}(X_8) = \dfrac{96}{\pi^4}.$

## 5.7　深リーマン予想

ガロア表現　$\rho: \mathrm{Gal}(\overline{\mathbb{Q}}/\mathbb{Q}) \longrightarrow GL_n(K)$
（ここで $K$ は複素数体 $\mathbb{C}$ あるいは $l$ 進"複素数体" $\mathbb{C}_l$）
に対して考えることにします．（もっと一般化できますが．）
簡単のために，フロベニウス元 $\mathrm{Frob}_p$ によって決められた $L$ 関数

$$L(s,\rho) = \prod_p \det(1-\rho(\mathrm{Frob}_p)p^{-s})^{-1}$$

は極を持たないとします（極を持っていても定式化できます）．

関数等式（期待される形）は $s \leftrightarrow k-s$ とします．

このとき，$\rho$ の素朴な玉河数を

$$\mathrm{Tam}(\rho) = \prod_p \det(1 - \rho(\mathrm{Frob}_p) p^{-\frac{k}{2}}),$$

$$\mathrm{Tam}_t(\rho) = \prod_{p \leq t} \det(1 - \rho(\mathrm{Frob}_p) p^{-\frac{k}{2}})$$

とおきます．つまり，中心オイラー積の逆数です．

> **深リーマン予想**
>
> $$r = \mathrm{ord}_{s=\frac{k}{2}} L(s, \rho)$$
>
> とすると
>
> $$\lim_{t \to \infty} \frac{\mathrm{Tam}_t(\rho)}{(\log t)^r}$$ は 0 でない有限値に収束する．

これは，一般的に，リーマン予想『$L(s, \rho)$ は $\mathrm{Re}(s) > \frac{k}{2}$ に零点を持たない』を導き，より深い予想です．5.5 の「BSD 予想原型」は $\rho$ を $E$ のガロア表現とすると，$k = 2$ で，この「深リーマン予想」そのものです．深リーマン予想の具体的な場合を一つあげておきましょう（もちろん，証明はできていません）：$\chi$ を $\mathrm{mod}\, 4$ の非自明指標とすると

$$\prod_p \left(1 - \frac{\chi(p)}{\sqrt{p}}\right)^{-1} = \sqrt{2}\, L\left(\frac{1}{2}, \chi\right).$$

数値計算をすると，両辺とも 0.95 くらいに見えます．

## 参考文献

[1] 小野孝『ガウスの和　ポアンカレの和：数論の最前線から』日本評論社，2008 年．
[2] A. Weil "Adèles et groupes algébriques" (Mai 1959) Sém. Bourbaki 1958-1960, exp. 186, p. 249-257.
[3] A.Weil "Adèles and Algebraic Groups. With appendices by M. Demazure and Takashi Ono" Princeton Lecture Notes, 1960.

[4] T. Ono (小野 孝) "On the Tamagawa number of algebraic tori" Ann. of Math. 78 (1963) 47-73.

[5] 小野孝「玉河数について」『数学』15 (1963) 8-17.

[6] T. Tamagawa (玉河恒夫) "Adèles" Proc. Symp. Pure Math. (AMS) 9 (1966) 113-121.

[7] R. P. Langlands "The volume of the fundamental domain for some arithmetic subgroups of Chevalley groups" Proc. Symp. Pure Math. (AMS) 9 (1966) 143-148.

[8] R. P. Langlands "Automorphic representations, motives, and Shimura varieties. Ein Märchen" Proc. Symp. Pure Math. (AMS) 33-2 (1979) 205-246.

[9] R. E. Kottwitz "Tamagawa numbers" Ann. of Math. (2) 127 (1988) 629 − 646.

[10] V. I. Chernousov "The Hasse principle for groups of type $E_8$" Soviet Math. Dokl. 39 (1989) 592-596.

[11] L. Euler "Varie observationes circa series infinitas" Comm. acad. scient. Petropolitanae 9 (1737) 160-188 [全集 I -14, p.216-244].

[12] F. Mertens "Ein Beitrag zur analytischen Zahlentheorie" Crelle. J. (Journal für die reine und angewandte Mathematik) 78 (1874) 46-62.

[13] B. J. Birch and H. P. F. Swinnerton-Dyer "Notes on elliptic curves II" Crelle J. 218 (1965) 79-108.

[14] D. Goldfeld "Sur les produits partiels eulerians attache aux courbes elliptiques" C. R. Acad. Sci. Paris Ser. I Math. 294 (1982) 471-474.

[15] K. Conrad "Partial Euler products on the critical line" Canad. J. Math. 57 (2005) 267-297.

[16] W. Kuo and R. Murty "On a conjecture of Birch and Swinnerton-Dyer" Canad. J. Math. 57 (2005) 328-337.

[17] T. Kimura, S. Koyama and N. Kurokawa (木村太郎・小山信也・黒川信重)" Euler products beyond the boundary" arXiv : 1210. 1216 [math. NT] ; Letters in Mathematical Physics 104 (2014) 1-19.

[18] 黒川信重『リーマン予想の先へ』東京図書, 2013 年 4 月刊.

[19] 黒川信重『リーマン予想の探求：ABC から Z まで』技術評論社, 2012 年 12 月刊.

[20] K. Ireland and M. Rosen "A Classical Introduction to Modern Number Theory" Springer-Velag, 1981.

# 第6章 群と表現のゼータ

　現代数学の基本となるのは群の考え方ですが，その表現を調べるということが重要な点です．つまり，群の表現論が活躍することになります．本章は群の表現とゼータとの関係を見ることにします．リーマン予想の研究に必須となる行列式表示に注目してください．

　群と表現の目的は，話をスッキリと簡明にすることです．とかく，複雑に見える話を現代人はありがたがるようで，現代数学でも複雑なものの評価が高くなったりしますが，それはまちがいです．現代数学の目的も，話を簡単にすることです．

## 6.1　群と表現

　群 $G$ に対して，ベクトル空間 $V$ によって，群の準同型写像
$$\rho : G \longrightarrow GL(V)$$
が与えられていたとき，$\rho$ を表現 (representation) と言います．ここで，$GL(V)$ とは $V$ の自己同型群です．たとえば，$V = \mathbb{C}^n$ なら $GL(V) = GL(n, \mathbb{C})$ という $n$ 次の正則行列全体からなる群（一般線形群）になります．

　群の表現論に関しましては，ちょうど，良い本

　　　高瀬幸一　『群の表現論序説』岩波書店，

$$\text{2013 年 5 月 30 日刊（参考文献 [1]）}$$

が出版されましたので，一読をおすすめします．この本では，有限群の表現論を対話形式で説明した後に，コンパクト群の表現論，局所コンパクト群の表現論へと順次話を進めています．一般論のあとに，局所コンパクト群の代表例となる $SL(2,\mathbb{R})$ と $SL(2,\mathbb{Q}_p)$ の帯球関数の詳しい形を求めるというところまで及んでいます．群の表現論の本は，たくさんの予備知識を必要とするため，他の本を参照することをひんぱんに行うことが普通ですが，本書は，その点にも配慮が届いています．

## 6.2 ゼータ

群と表現のゼータは，たくさんの種類が考えられてきました．ここでは，基本となるゼータを解説します．それは，基本群 $H$ と，その表現
$$\rho : H \longrightarrow GL(V)$$
から作られるゼータ $\zeta_\rho^H(s)$ ですが，とりわけ基本的なのは，$H=\mathbb{Z}$（離散型）と $H=\mathbb{R}$（連続型）という2つの場合です．

第1の場合は，表現
$$\rho : \mathbb{Z} \longrightarrow GL(V)$$
に対して
$$\zeta_\rho^\mathbb{Z}(s) = \exp\Bigl(\sum_{m=1}^\infty \frac{\operatorname{trace}\rho(m)}{me^{ms}}\Bigr)$$
と決めます．これを**離散型ゼータ**と呼びます．ただし，trace はトレース（跡）です．

第2のゼータは，表現
$$\rho : \mathbb{R} \longrightarrow GL(V)$$
に対して
$$\zeta_\rho^\mathbb{R}(s) = \exp\Bigl(\int_0^\infty \frac{\operatorname{trace}\rho(t)}{te^{ts}}dt\Bigr)$$
と決めます．これを**連続型ゼータ**と呼びます．

比較しますと，第 1 の場合の
$$\sum_{m=1}^{\infty} \frac{\text{trace}\,\rho(m)}{me^{ms}}$$
という（無限）和が第 2 の場合の
$$\int_0^{\infty} \frac{\text{trace}\,\rho(t)}{te^{ts}} dt$$
という積分に自然に対応していることがわかります．なお，無限和は収束性に気をつけると取り扱いやすいものですが，積分においては，さらにいろいろと正規化などの処理をしないといけません．ここでは，次のゼータ正規化を用います：
$$\zeta_\rho^{\mathbb{R}}(s) = \exp\left(\frac{\partial}{\partial w} Z_\rho^{\mathbb{R}}(w,\,s)\bigg|_{w=0}\right),$$
$$Z_\rho^{\mathbb{R}}(w,\,s) = \frac{1}{\Gamma(w)} \int_0^{\infty} \frac{\text{trace}\,\rho(t)}{te^{ts}} t^w dt.$$
ここで，$\Gamma(w)$ はガンマ関数です．

これら 2 つのゼータ $\zeta_\rho^{\mathbb{Z}}(s)$ と $\zeta_\rho^{\mathbb{R}}(s)$ は驚くほど広い範囲のゼータを取り込んでいることがわかっています．これらのゼータやオイラー積との関連については参考文献 [2][3][4][5] をおすすめします．

## 6.3　基本群 $\mathbb{Z}$ のときの例

> **定理 6.1**
> 
> 表現 $\rho : \mathbb{Z} \longrightarrow \mathbb{C}^\times$ を
> $$\rho(m) = e^{m\lambda} \quad (\lambda \in \mathbb{C})$$
> とすると
> $$\zeta_\rho^{\mathbb{Z}}(s) = \exp\left(\sum_{m=1}^{\infty} \frac{e^{m\lambda}}{me^{ms}}\right)$$
> $$= \frac{1}{1 - e^{\lambda - s}}.$$

**証明** これは
$$\sum_{m=1}^{\infty} \frac{x^m}{m} = \log\left(\frac{1}{1-x}\right),$$
つまり
$$\exp\left(\sum_{m=1}^{\infty} \frac{x^m}{m}\right) = \frac{1}{1-x} \quad (|x|<1)$$
からです．絶対収束域は $\mathrm{Re}(s) > \mathrm{Re}(\lambda)$ です．

証明終

## 6.4 基本群 $\mathbb{R}$ のときの例

**定理 6.2**

表現 $\rho: \mathbb{R} \longrightarrow \mathbb{C}^\times$ を
$$\rho(t) = e^{t\lambda} \quad (\lambda \in \mathbb{C})$$
とすると
$$\zeta_\rho^{\mathbb{R}}(s) = \exp\left(\int_0^\infty \frac{e^{t\lambda}}{te^{ts}} dt\right)$$
$$= \frac{1}{s-\lambda}.$$

**証明** ガンマ関数の積分表示
$$\Gamma(w) = \int_0^\infty t^{w-1} e^{-t} dt$$
を用いますと
$$\Gamma(w)\alpha^{-w} = \int_0^\infty t^{w-1} e^{-\alpha t} dt$$
がわかります．したがって
$$\frac{1}{\Gamma(w)} \int_0^\infty t^{w-1} e^{-\alpha t} dt = \alpha^{-w}$$
です．そこで

$$Z_\rho^{\mathbb{R}}(w,s) = \frac{1}{\Gamma(w)} \int_0^\infty \frac{e^{t\lambda}}{te^{ts}} t^w dt$$
$$= \frac{1}{\Gamma(w)} \int_0^\infty t^{w-1} e^{-(s-\lambda)t} dt$$
$$= (s-\lambda)^{-w}$$

となりますので,

$$\zeta_\rho^{\mathbb{R}}(s) = \exp\left(\frac{\partial}{\partial w}(s-\lambda)^{-w}\bigg|_{w=0}\right)$$
$$= \exp(-\log(s-\lambda))$$
$$= \frac{1}{s-\lambda}$$

となります. **証明終**

## 6.5　離散型ゼータ

離散型ゼータは, 表現 $\rho$ が有限次元のときには, 難しくありません.

---

**定理 6.3**

$n$ 次元表現
$$\rho : \mathbb{Z} \longrightarrow GL(n,\mathbb{C})$$
に対して, 次が成立します.

**(1) 行列式表示**
$$\zeta_\rho^{\mathbb{Z}}(s) = \det(1-\rho(1)e^{-s})^{-1}.$$

**(2) 関数等式**
$$\zeta_\rho^{\mathbb{Z}}(-s) = \zeta_{\rho^*}^{\mathbb{Z}}(s)(-1)^n \det\rho(1)^{-1} e^{-ns}.$$

ここで
$$\rho^*(g) = {}^t\rho(g)^{-1}$$
は反傾表現.

## 証明

(1) 行列 $M = \rho(1)$ をユニタリ行列 $P$ によって上三角化します：

$$P^{-1}MP = \begin{pmatrix} \alpha_1 & & O \\ & \ddots & \\ * & & \alpha_n \end{pmatrix}.$$

このとき

$$(P^{-1}MP)^m = \begin{pmatrix} \alpha_1^m & & O \\ & \ddots & \\ * & & \alpha_n^m \end{pmatrix}$$

より

$$P^{-1}M^m P = \begin{pmatrix} \alpha_1^m & & O \\ & \ddots & \\ * & & \alpha_n^m \end{pmatrix}$$

となります．とくに

$$\mathrm{trace}(P^{-1}M^m P) = \alpha_1^m + \cdots + \alpha_n^m$$

です．ここで，トレースの性質

$$\mathrm{trace}(P^{-1}M^m P) = \mathrm{trace}(M^m)$$

に注意しますと

$$\mathrm{trace}(M^m) = \alpha_1^m + \cdots + \alpha_n^m$$

となることがわかります．

さて，$\zeta_\rho^{\mathbb{Z}}(s)$ の行列式表示を示すのに必要なことは

$$\exp\left(\sum_{m=1}^{\infty} \frac{\mathrm{trace}(M^m)}{me^{ms}}\right) = \det(1 - Me^{-s})^{-1}$$

という等式です．ここで，

$$\text{左辺} = \exp\left(\sum_{m=1}^{\infty} \frac{\alpha_1^m + \cdots + \alpha_n^m}{me^{ms}}\right)$$

$$= \prod_{k=1}^{n} \exp\left(\sum_{m=1}^{\infty} \frac{\alpha_m^k}{me^{ms}}\right)$$

$$= \prod_{k=1}^{n} \exp\left(\sum_{m=1}^{\infty} \frac{1}{m}(\alpha_k e^{-s})^m\right)$$

ですが，定理 6.1 の証明で用いた

$$\exp\left(\sum_{m=1}^{\infty} \frac{1}{m} x^m\right) = \frac{1}{1-x} \quad (|x|<1)$$

を使って変形しますと

$$\text{左辺} = \prod_{k=1}^{n} \frac{1}{1-\alpha_k e^{-s}}$$

$$= \left(\prod_{k=1}^{n}(1-\alpha_k e^{-s})\right)^{-1}$$

となることがわかります．ここで，$s$ の範囲としては $\text{Re}(s)$ が十分大 ($|\alpha_k e^{-s}|<1$ が $k=1,\cdots,n$ に対して成立すればよい) なら大丈夫です．

　一方

$$P^{-1}MP = \begin{pmatrix} \alpha_1 & & O \\ & \ddots & \\ * & & \alpha_n \end{pmatrix}$$

より

$$P^{-1}(1-Me^{-s})P = \begin{pmatrix} 1-\alpha_1 e^{-s} & & O \\ & \ddots & \\ * & & 1-\alpha_n e^{-s} \end{pmatrix}$$

となりますので，行列式をとって

$$\det(1-Me^{-s}) = (1-\alpha_1 e^{-s})\cdots(1-\alpha_n e^{-s})$$

となります．したがって，(1) の等式が証明されました．

(2) (1) の計算
$$\zeta_\rho^{\mathbb{Z}}(s) = \prod_{k=1}^{n}(1-\alpha_k e^{-s})^{-1}$$
を用いて
$$\begin{aligned}\zeta_\rho^{\mathbb{Z}}(-s) &= \prod_{k=1}^{n}(1-\alpha_k e^{s})^{-1}\\ &= \prod_{k=1}^{n}((-\alpha_k e^s)(1-\alpha_k^{-1}e^{-s}))^{-1}\\ &= (-1)^n\Bigl(\prod_{k=1}^{n}\alpha_k\Bigr)^{-1}e^{-ns}\prod_{k=1}^{n}(1-\alpha_k^{-1}e^{-s})^{-1}\\ &= (-1)^n(\det\rho(1))^{-1}e^{-ns}\det(1-\rho(1)^{-1}e^{-s})^{-1}\\ &= \zeta_{\rho^*}^{\mathbb{Z}}(s)(-1)^n(\det\rho(1))^{-1}e^{-ns}\end{aligned}$$
となります. **証明終**

---

**定理 6.4**

$\rho$ がユニタリ表現
$$\rho:\mathbb{Z}\longrightarrow U(m)$$
のとき $\zeta_\rho^{\mathbb{Z}}(s)$ は次をみたします.

**(1) リーマン予想**

$\zeta_\rho^{\mathbb{Z}}(s)=\infty$ となる $s$ は $\mathrm{Re}(s)=0$ 上に乗っています.

**(2) 関数等式**
$$\zeta_\rho^{\mathbb{Z}}(-s)=\zeta_{\overline{\rho}}^{\mathbb{Z}}(s)(-1)^n\det\rho(1)^{-1}e^{-ns}.$$
ここで, $\overline{\rho}(g)=\overline{\rho(g)}$.

---

**証明** 定理 6.3 の行列式表示
$$\zeta_\rho^{\mathbb{Z}}(s)=\det(1-\rho(1)e^{-s})^{-1}$$

はそのまま使うことができます．今回は $M = \rho(1)$ がユニタリ行列になっていることに注意しましょう．したがって，$M$ はユニタリ行列 $P$ によって対角化できます（上三角化すると自動的に対角化になっています）：

$$P^{-1}MP = \begin{pmatrix} \alpha_1 & & O \\ & \ddots & \\ O & & \alpha_n \end{pmatrix}.$$

ここで，$P$ はユニタリ行列ですので

$$P^*MP = \begin{pmatrix} \alpha_1 & & O \\ & \ddots & \\ O & & \alpha_n \end{pmatrix}$$

となっています．ただし，行列 $A$ に対して $A^* = {}^t\overline{A}$ です．したがって，

$$(P^*MP)^* = \begin{pmatrix} \overline{\alpha}_1 & & O \\ & \ddots & \\ O & & \overline{\alpha}_n \end{pmatrix}$$

ですが

$$(P^*MP)^* = P^*M^*P$$

ですので，

$$(P^*MP)(P^*M^*P) = \begin{pmatrix} \alpha_1 & & O \\ & \ddots & \\ O & & \alpha_n \end{pmatrix} \begin{pmatrix} \overline{\alpha}_1 & & O \\ & \ddots & \\ O & & \overline{\alpha}_n \end{pmatrix}$$

となります．ここで，$P$ と $M$ がユニタリ行列であることを使いますと

$$\text{左辺} = P^*MPP^*M^*P$$
$$= P^*MM^*P$$
$$= P^*P$$
$$= \begin{pmatrix} 1 & & 0 \\ & \ddots & \\ 0 & & 1 \end{pmatrix}$$

となります．一方，

$$\text{右辺} = \begin{pmatrix} |\alpha_1|^2 & & O \\ & \ddots & \\ O & & |\alpha_n|^2 \end{pmatrix}$$

ですので，左辺＝右辺より

$$|\alpha_1| = \cdots = |\alpha_n| = 1$$

がわかります．したがいまして，

$$\zeta_\rho^Z(s) = \infty \Longleftrightarrow \det(1 - Me^{-s}) = 0$$
$$\Longleftrightarrow e^s = \alpha_1, \cdots, \alpha_n$$

から

$$\zeta_\rho^Z(s) = \infty \Longrightarrow |e^s| = 1$$
$$\Longleftrightarrow e^{\mathrm{Re}(s)} = 1$$
$$\Longleftrightarrow \mathrm{Re}(s) = 0$$

とわかります．

(2) $\rho$ がユニタリ表現ということから $\rho^*(g) = \overline{\rho(g)}$ となりますので，$\rho^* = \overline{\rho}$ です．したがって，定理6.3から関数等式がでます．　　**証明終**

## 6.6　連続型ゼータ

次の定理はリーマン予想の練習問題として，とても良いものです．

**定理 6.5**（黒川）

$n$ 次元ユニタリ表現（連続準同型）
$$\rho : \mathbb{R} \longrightarrow U(n)$$
に対して，次が成立します．

**(1) 行列式表示**
$$\zeta_\rho^{\mathbb{R}}(s) = \det(s - D_\rho)^{-1}.$$

ここで
$$D_\rho = \lim_{t \to 0} \frac{\rho(t) - 1}{t}$$
は歪エルミート行列．

**(2) 関数等式**
$$\zeta_\rho^{\mathbb{R}}(-s) = (-1)^n \zeta_\rho^{\mathbb{R}}(s).$$

**(3) 絶対リーマン予想**
$$\zeta_\rho^{\mathbb{R}}(s) = \infty \Longrightarrow \mathrm{Re}(s) = 0.$$

**証明** $\rho : \mathbb{R} \longrightarrow U(n)$ は連続ユニタリ表現なので $n$ 個の連続ユニタリ指標（一次元ユニタリ表現）
$$\chi_k : \mathbb{R} \longrightarrow U(1) \quad (k = 1, 2, \cdots, n)$$
があって
$$\rho \cong \chi_1 \oplus \cdots \oplus \chi_n$$
となります．ここで，$\lambda_k \in \sqrt{-1}\,\mathbb{R}$（純虚数）によって
$$\chi_k(t) = e^{\lambda_k t}$$
と書けます．したがって，

第 6 章　群と表現のゼータ

$$\rho(t) \underset{共役}{\cong} \begin{pmatrix} \chi_1(t) & & O \\ & \ddots & \\ O & & \chi_n(t) \end{pmatrix}$$

より

$$D_\rho \cong \lim_{t \to 0} \begin{pmatrix} \frac{\chi_1(t)-1}{t} & & O \\ & \ddots & \\ O & & \frac{\chi_n(t)-1}{t} \end{pmatrix}$$

$$= \lim_{t \to 0} \begin{pmatrix} \frac{e^{\lambda_1 t}-1}{t} & & O \\ & \ddots & \\ O & & \frac{e^{\lambda_n t}-1}{t} \end{pmatrix}$$

$$= \begin{pmatrix} \lambda_1 & & O \\ & \ddots & \\ O & & \lambda_n \end{pmatrix}$$

となりますので

$$\det(s-D_\rho) = \prod_{k=1}^{n}(s-\lambda_k)$$

です．一方，定理 6.2 の証明と同様にして

$$Z_\rho^{\mathbb{R}}(w, s) = \frac{1}{\Gamma(w)} \int_0^\infty \frac{\operatorname{trace}\rho(t)}{e^{st}} t^{w-1} dt$$

$$= \sum_{k=1}^{n} \frac{1}{\Gamma(w)} \int_0^\infty \frac{e^{\lambda_k t}}{e^{st}} t^{w-1} dt$$

$$= \sum_{k=1}^{n} (s-\lambda_k)^{-w}$$

より

$$\zeta_\rho^{\mathbb{R}}(s) = \exp\left(\frac{\partial}{\partial w}\left(\sum_{k=1}^{n}(s-\lambda_k)^{-w}\right)\Big|_{w=0}\right)$$

$$= \exp\left(-\sum_{k=1}^{n}\log(s-\lambda_k)\right)$$

$$= \prod_{k=1}^{n}(s-\lambda_k)^{-1}$$

となりますので
$$\zeta_\rho^{\mathbb{R}}(s) = \det(s - D_\rho)^{-1}$$
がわかります．

次に $D_\rho$ が歪エルミート行列であることは，上の計算を詳しくたどってもわかりますが，より直接に
$$D_\rho = \lim_{t \to 0} \frac{\rho(t) - 1}{t}$$
から
$${}^t\overline{D}_\rho = \lim_{t \to 0} \frac{{}^t\overline{\rho(t)} - 1}{t}$$
となり，$\rho(t)$ がユニタリ行列であることから ${}^t\overline{\rho(t)} = \rho(-t)$ となることを用いると
$$\begin{aligned}{}^t\overline{D}_\rho &= \lim_{t \to 0} \frac{\rho(-t) - 1}{t} \\ &= -\lim_{t \to 0} \frac{\rho(-t) - 1}{-t} \\ &= -D_\rho\end{aligned}$$
となって確認できます．

(2) 上の計算
$$\zeta_\rho^{\mathbb{R}}(s) = \prod_{k=1}^{n} (s - \lambda_k)^{-1}$$
から
$$\begin{aligned}\zeta_\rho^{\mathbb{R}}(-s) &= \prod_{k=1}^{n} (-s - \lambda_k)^{-1} \\ &= (-1)^n \prod_{k=1}^{n} (s + \lambda_k)^{-1}\end{aligned}$$
です．さらに，

$$\zeta_{\bar{\rho}}^{\mathbb{R}}(s) = \det(s - D_{\bar{\rho}})^{-1}$$
$$= \prod_{k=1}^{n}(s+\lambda_k)^{-1}$$

を用いて
$$\zeta_{\bar{\rho}}^{\mathbb{R}}(-s) = (-1)^n \zeta_{\bar{\rho}}^{\mathbb{R}}(s)$$

となります．

(3)  $\zeta_{\bar{\rho}}^{\mathbb{R}}(s) = \infty \Longrightarrow s = \lambda_k \ (k=1,\cdots,n)$
$\Longrightarrow \mathrm{Re}(s) = 0.$ **証明終**

## 6.7 ゼータの使い方

**(a) 離散型ゼータ**

$\pi_1(\mathbb{F}_q) = \mathbb{Z}$ に用いると数論的ゼータのオイラー因子がでてきます．また，$\pi_1(S^1) = \mathbb{Z}$ に用いるとセルバーグゼータのオイラー因子がでてきます．どちらの場合も
$$\mathbb{Z} \cong \langle \mathrm{Frob} \rangle = \{\mathrm{Frob}^m \,|\, m \in \mathbb{Z}\}$$
です．ここで，Frob はフロベニウス元です．

**(b) 連続型ゼータ**

$\pi_1(\mathbb{F}_1) = \mathbb{R}$ と考えて用いると，絶対ゼータがでてきます．このときには，
$$\mathbb{R} \cong \{\mathrm{Frob}^t \,|\, t \in \mathbb{R}\}$$
と考えます．また，このときには，内容は同一ですが，加法群 $\mathbb{R}$ の代りに乗法群 $\mathbb{R}_{>0}$ を用いることが多いでしょう．もちろん $\mathbb{R} \cong \mathbb{R}_{>0}$ です．すると，表現

$$\rho : \mathbb{R}_{>0} \longrightarrow GL(V)$$

に対して
$$N_\rho(u) = \operatorname{trace} \rho(u)$$

を個数関数 (counting function) として

$$\zeta_\rho^{\mathbb{R}_{>0}}(s) = \exp\left(\int_1^\infty \frac{N_\rho(u)}{u^{s+1}\log u}du\right)$$
$$= \exp\left(\frac{\partial}{\partial w}\left(\frac{1}{\Gamma(w)}\int_1^\infty \frac{N_\rho(u)}{u^{s+1}\log u}(\log u)^w du\right)\Big|_{w=0}\right)$$

ということになります．定理 6.5 の行列式表示は
$$\zeta_\rho^{\mathbb{R}_{>0}}(s) = \det(s - D_\rho)^{-1},$$
$$D_\rho = \lim_{u \to 1} \frac{\rho(u) - 1}{u - 1}$$

という形になります．関数等式やリーマン予想も同じです．

## 6.8 ゼータの変形版

ここでは，少しだけ変形（一般化）した次の形に触れておきます．

第1の場合は，群 $G$ と群の準同型写像

$$
\begin{array}{ccc}
a : \mathbb{Z} & \longrightarrow & G \\
\cup & & \cup \\
m & \longmapsto & a(m)
\end{array}
$$

が与えられたときに，$G$ の表現
$$\rho : G \longrightarrow GL(V)$$
に対して，ゼータ

$$\zeta_\rho^a(s) = \exp\left(\sum_{m=1}^\infty \frac{\operatorname{trace}\rho(a(m))}{me^{ms}}\right)$$

を考えます．これは，$G = \mathbb{Z}, a = id$（恒等写像）のときには離散型ゼ

ータ $\zeta_\rho^{\mathbb{Z}}(s)$ そのものです．この形にしておきますと，いろいろな $G$ をとることができ，しかも，写像 $a$ を与えることは $G$ の元 $a(1)$ を与えることと同じですので，自由度がふえます．もちろん，結果的には
$$\zeta_\rho^a(s) = \zeta_{\rho \circ a}^{\mathbb{Z}}(s)$$
となって離散型ゼータと一致します．

第2の場合は，(位相) 群 $G$ と群の (連続) 準同型写像
$$\begin{array}{ccc} c: \mathbb{R} & \longrightarrow & G \\ \cup & & \cup \\ t & \longrightarrow & c(t) \end{array}$$
が与えられたときに，$G$ の表現
$$\rho: G \longrightarrow GL(V)$$
に対してゼータ
$$\zeta_\rho^c(s) = \exp\left(\int_0^\infty \frac{\mathrm{trace}\, \rho(c(t))}{te^{ts}} dt\right)$$
を考えます．ここでも，正確には，ゼータ正規化を用いて
$$\zeta_\rho^c(s) = \exp\left(\frac{\partial}{\partial w} Z_\rho^c(w, s)\Big|_{w=0}\right),$$
$$Z_\rho^c(w, s) = \frac{1}{\Gamma(w)}\int_0^\infty \frac{\mathrm{trace}\, \rho(c(t))}{te^{ts}} t^w dt$$
とします．これは，$G = \mathbb{R}$, $c = id$（恒等写像）のときには連続型ゼータ $\zeta_\rho^{\mathbb{R}}(s)$ですし，一般の $G, c$ に対しても
$$\zeta_\rho^c(s) = \zeta_{\rho \circ c}^{\mathbb{R}}(s)$$
です．このように拡張しておく要点は自由度をふやすことにあります．

実際，現代数学では自然に群準同型写像
$$c: \mathbb{R} \longrightarrow G$$
がでてくる場面が数多くあります．たとえば，$G$ が階数1のリー群のときに岩沢分解 $G = KAN$ に伴う

$$c: \mathbb{R} \xrightarrow{\cong} A \subseteq G$$

や，力学系（流れ）

$$\mathbb{R} \times X \longrightarrow X$$

が与えられたときの

$$c: \mathbb{R} \longrightarrow \mathrm{Aut}(X) = G$$

です．このようなときに $\zeta_\rho^c(s)$ はセルバーグゼータや力学系ゼータに結びつきます．

**問題** $\zeta_\rho^a(s)$ と $\zeta_\rho^c(s)$ に対して定理 6.3, 6.4, 6.5 の対応物を書いて，$\zeta_\rho^a(0)$ と $\zeta_\rho^c(0)$ を求めてください．

**解答** どちらの場合も，

$$\zeta_\rho^a(s) = \zeta_{\rho \circ a}^{\mathbb{Z}}(s), \quad \zeta_\rho^c(s) = \zeta_{\rho \circ c}^{\mathbb{R}}(s)$$

を使えばよく

$$\zeta_\rho^a(s) = \det(1 - \rho(a(1))e^{-s})^{-1},$$
$$\zeta_\rho^c(s) = \det(s - D_{\rho \circ c})^{-1}$$

から関数等式・リーマン予想もわかります．とくに，

$$\zeta_\rho^a(0) = \det(1 - \rho(a(1)))^{-1},$$
$$\zeta_\rho^c(0) = \det(-D_{\rho \circ c})^{-1}$$

です． （解答終）

## 参考文献

[1] 高瀬幸一『群の表現論序説』岩波書店， 2013 年 5 月 30 日刊．
[2] 黒川信重『現代三角関数論』岩波書店，2013 年．
[3] 黒川信重『リーマン予想の 150 年』岩波書店，2009 年．
[4] 黒川信重『リーマン予想の探求：ABC から Z まで』 技術評論社，2012 年．
[5] 黒川信重『リーマン予想の先へ』東京図書， 2013 年 4 月刊．

# 第7章
# 環のゼータ

　群に関連するゼータの話が続きましたので，本章は趣を変えて，環のゼータの話をしましょう．息抜きをしてください．環のゼータというと，通常の整数環のゼータ，つまり，リーマンゼータが最初です．さらに，数論の問題の根本は，環のゼータの研究であるといって差し支えはないでしょう．環のゼータ関数は，フェルマー予想の証明 (1995年) や佐藤テイト予想の証明 (2011年) に使われるなど，重要な成果を導き，その研究は飛躍的に発展してきました．しかしながら，環のゼータについては，そのような明の部分だけでなく，普段忘れられている暗の部分にも目を向ける必要があります．環の正しいゼータに至る苦難の道は，教訓を与えてくれますし，環のゼータの研究手段が，まだまだ限られた数少ないものしか無く行き当たりばったりの研究に見える，ということが大きな問題点です．

## 7.1　環のゼータとは

　環 (ring) とは，足し算 (和) と掛け算 (積) という二つの演算の入った代数系です．その基本的な性質は，適当な『代数学』の教科書の最初の部分に詳しいです．和と積の二つが入っているような数学的対象物はありふれる程にたくさんある，ということだけ知っておいていただければ結構です．

　最も根本的な環は，整数全体のなす環です．これを整数環と呼びま

す．ほかにも，有理数全体，実数全体，複素数全体，などのなす，有理数体，実数体，複素数体がすぐに思いつく環です．なお，有理数環，実数環，複素数環と言っても，間違いではありませんが，これらは，0以外の元による割り算が行えるため「体」と呼ばれるのが普通です．

環のゼータは，整数環のゼータを見本として構成されます．通常のリーマンゼータが素数に関するオイラー積で定義されるのとまったく同様に，環の極大イデアルに関するオイラー積で定義されるものが環のゼータです．これを，20世紀半ばに発見したドイツの数学者ハッセを記念して，ハッセゼータと呼びます：背景等の詳細については〔1〕-〔5〕も参照してください．

通常の素数 2, 3, 5, 7, ⋯ のときには，それらの大きさも普通に認識されていて，リーマンゼータのオイラー積表示に使われていますが，環 $A$ のゼータ

$$\zeta(s, A) = \prod_P (1 - N(P)^{-s})^{-1}$$

の際には，各極大イデアル $P$ の大きさ $N(P)$ を改めて決めなければなりません．その定義としては，環を極大イデアルで割って得られる剰余体 (環をイデアルで割ると剰余環が得られますが，そのイデアルが極大イデアルになることと剰余環が体になることとは同値です) の元の個数をとります (非可換環でも同様なことができますが，その際は左極大イデアルで割った単純加群の自己準同型環の元の個数で大きさを入れます；その際には，「圏のゼータ」という捉え方が自然で有効です)．

環の極大イデアルが整数環の素数にあたることは，よく覚えておいてください．環には素イデアルという別のものがあって，名前からして素数に対応するものと，しばしば間違われます．極大イデアルは素イデアルの特別なものを指しています．実際に，通常の整数環でも，素イデアルはかならずしも素数とは対応していません：素イデアルのうちの極大

イデアル全体が素数全体に対応していて，0 だけからなる素イデアルという極大イデアルでないものがあります．

　さて，そのように構成された環のゼータ，つまりハッセゼータが，いつ良いゼータになるのでしょうか．いままでの研究から，それは，整数環上の有限生成の環の場合だ，と考えられています．ただし，このことは，まだ証明されたことではありません．「整数環上の有限生成の環の場合には良いゼータになる」というのがハッセ予想といわれる予想です．良いゼータとは，全複素数への解析接続を持ち，関数等式を満たすもの，という意味です．もちろん，叶うならば，リーマン予想の類似物も満たしてほしいものですが，まずは，解析接続と関数等式，ということになります．

　これが難しい問題であることは，リーマンゼータの場合でも，解析接続と関数等式を証明したのは，今から 154 年前に書かれたリーマンの 1859 年の論文が初めてであったということからも推察できるでしょう．このリーマンの論文は，リーマン予想を提出した有名な論文です．

　そこでは，リーマンゼータをテータ級数のフーリエ変換（その後のことばでは「メリン変換」）として積分表示することによって，解析接続と完全対称な関数等式を証明しています．一般の環のゼータの場合でも，適当なテータ級数があって，そのメリン変換として積分表示して解析接続と関数等式が証明できるなら，話は簡単ですが，そうは問屋がおろしません．

　それが出来ているのは，代数体の整数環のゼータや，その関数体版という比較的簡単なゼータの場合だけです．代数体の整数環のゼータの場合は，1917 年にヘッケによって一般化されたテータ級数を用いて積分表示して解析接続・関数等式が証明されました．その後，1950 年頃に岩沢とテイトが独立に，アデール群上の解析の方法によって積分表示し再証明を行いました．これが，現在，「岩沢テイトの方法」と呼ばれているものです．

## 7.2 環のゼータへの道

　環のゼータは，前節では，極大イデアル全体を素数全体の対応物と見て構成されるものと，さらりと説明しましたが，これは，そうすんなりわかったわけではありません．実際，リーマンゼータの場合でさえ，その定義を素数に関するオイラー積にするのは，まだ少数派です．解析概論などでは，自然数に関する和として定義するのが普通でしょう．

　環のゼータを考える際にも，自然数全体に関する和にあたる「イデアル全体に関する和」がまず考えられました．20世紀の前半に考えられた，代数体の整数環の場合までは，イデアル全体に関する和で何の問題も起きない，本当に良い時代でした．それが，1次元までのみの特殊なことであったことは，20世紀の後半に判明しました．

　20世紀の後半に入るころには，高次元のものを扱う機会がたくさん出てきました．整数環上の楕円関数環が2次元の環として問題になった最初でした．ゼータ関数をオイラー積として考えるにしても，「素イデアル全体に関する積」にすれば良いだろうくらいの認識でした．

　この「環における素数概念とは？」つまり「環において素数にあたるのは何か？」という問題は長年の研究課題でした．最初は，環の元について，積に関して分解できないもの（これを「既約元」といいます）を考えることからはじまりました．ただし，既約元への分解が可能な環（ネーター整域はその豊富な例になっています）であっても，既約元への分解における「一意性」(順序や単数倍を除いて）が成立しない環が発見され，さらには，既約元への分解も不可能な場合も起きて，元を見ていることの不十分さが判明してきました．その結果，環のある部分集合であるイデアル概念が生まれたわけです．とくに，素イデアルという概念に至ったわけです．

1次元までの古典的な場合は，素イデアルで良かったのですが，次元が一般になった場合には，正解は「極大イデアルに関するオイラー積」であると，20世紀中頃にハッセが見抜いたのです．このように，幾多の紆余曲折を経て，現在のように，環のゼータを「極大イデアル全体に関する積」で構成することに落ち着いたわけです．

その決定的な思想的背景は，スキームの考えです．言い換えると，環と空間の対応関係です．これは，1940年代初頭のゲルファントが考察した問題「位相空間上の連続関数環が与えられたときに，いかにして元の位相空間は認識・再現できるか」から来ています．ゲルファントの見つけた解答は「連続関数環の極大イデアル全体を取り，それに自然に位相を入れたもの」というものです：証明については〔5〕の付録を参照．

つまり，環から「環の極大イデアル全体のなす空間 (環の極大スペクトル)」をとるという操作によって，良い空間ができるという発見がなされたわけです．これは，後には，1950年代末から隆盛を極めた，代数幾何学をスキーム論によって革新するというグロタンディークを中心とする流れに合流しました．そこで，環のゼータも，スキームのゼータに一般化されます．オイラー積は閉点 (環の極大イデアルに対応) 全体に関する積となります．

ところで，環のゼータの良否については，今でも不明です．どこかに，

カゼハ<br>
ンエヨ<br>
ノタイ

という，代々伝えられてきた謎の呪文のような古文書があれば，今まで「カゼハンエヨノタイ」(「風斑伊予の鯛」？) と読まれてきたものも，縦に読んで「カンノゼエタハヨイ」(「環のゼータは良い」) を意味していた

のかも知れませんね．もっと読み込むと，解析接続・関数等式・リーマン予想の証明も読み取れるかと期待されます．

## 7.3　環のゼータの面白さ

　環のゼータが面白いことは，はじめに考えられた，整数環の場合のリーマンゼータでも十分に面白いので，間違いありません．しかも，実に多様な環がありますので，時間の経つのを忘れます．それらを調べているだけでも，長時間の旅行も苦になりません．もし無人島に一つだけ持っていくとしたら，私は，ハッセゼータが良いと思います．何十年も楽しく暮らせることは間違いありません．生きる糧にもなります．

　ハッセ予想について不思議なことは，「整数環上有限生成」という条件は付いてはいますが，環という条件だけでいつでも良いゼータができるようだ，という点です．そこの理由がわからないので，ハッセ予想が証明できない，ということなのでしょう．

　環のゼータの面白さとしては，その応用の広さもあります．それは，環のゼータの重要性の反映に違いありませんが，驚くほどの影響力です．例としては，フェルマー予想の証明と佐藤テイト予想の証明を上げれば十分でしょう．このどちらの証明においても，整数環上の充分にたくさんの有限生成環に対して，ゼータ関数の解析接続と関数等式を証明することが鍵となっています．

　フェルマー予想の証明では，整数環上の楕円関数環 (2次元) のゼータ関数に対して解析接続と関数等式が成立するというハッセ予想・谷山予想を証明することが最終段階の問題でした．ワイルズとテイラーはそれを成し遂げたわけです（充分たくさんの楕円関数環のゼータに対して）．佐藤テイト予想の証明では，楕円関数環より複雑な高次元のたく

さんの環（カラビ・ヤウ環）に対して，ゼータ関数の解析接続・関数等式を証明することが必要になり，テイラーたちは大きな困難を克服して，それに成功しました．

## 7.4 環のゼータの行列式表示

ハッセゼータでも，よくわかっている種族があります．それは，標数正の環の場合です．この場合には，通常，合同ゼータと呼ばれます．また，このときの環は「有限体上の有限生成環」あるいは「有限体上の関数環」というものです．

合同ゼータの研究は1910年代のコルンブルムが開始しました．論文は1919年出版の[6]です．コルンブルム（1890年 – 1914年）はゲッチンゲン大学の学生でしたが，残念ながら，1914年に第一次世界大戦に志願し24歳の若さで戦死してしまいました．彼の遺稿[6]は，ゲッチンゲン大学のランダウによって編纂され，1919年に出版されたという事情になっています．コルンブルムは有限体上の多項式環の場合にゼータと表現付ゼータを計算し，「等差数列における素数定理（ディリクレの素数定理）」の対応物を証明しています．

コルンブルムについては，参考文献の[7]も参照してください．いまでも，コルンブルムが合同ゼータ関数論の創始者と知らない数学研究者が多いのが，困ったことです．現代数学者の数学史離れの一端がのぞいています（ここでいう「数学史」は所謂数学史家の客観的数学史ではなく，数学研究者向けの主体的数学史です）．もちろん，歴史を良く知らなくて，まともな研究ができるはずはありません．若い人は，現代数学者の真似をしないで正道を歩んでください．

合同ゼータの研究は，1920年代にドイツにいてコルンブルムの研究を

良く知っていたアルチンが続行しました（論文はコルンブルム〔6〕と同じ雑誌の第 19 巻に 1924 年に出版）．さらに，1930 年代には，やはりドイツで，シュミットやハッセが研究を推進しました．

とくに，ハッセは 1933 年に，有限体上の楕円関数環（これは 1 次元関数環で種数 1）の場合の合同ゼータ関数（ハッセゼータ関数と言っても同じです）のリーマン予想の証明を完成しました．有限体上の 1 次元関数環で種数が一般の場合はヴェイユが 1940 年代にリーマン予想の証明も完成しました．

ちなみに，この場合の合同ゼータの解析接続と関数等式は，ゼータをフロベニウス作用素によって行列式表示することから得られます．また，そのことによって，リーマン予想の証明はフロベニウス作用素の固有値の問題に変換されて，解決に導かれる，ということになっています．

有限体上の一般次元の関数環の合同ゼータの場合は，グロタンディークによって，膨大なスキーム論が構築され，1965 年にフロベニウス作用素（それが作用する空間はエタールコホモロジーの空間）を用いた行列式表示が得られました．それによって解析接続と関数等式が証明されました．リーマン予想の証明は 1974 年にドリーニュによって完成しました．

ドリーニュの証明の要点は有限体上の有限生成環のゼータに対して，有限体上のテンソル積に関する関手性が成り立っているという事実です．したがって，有限体上の環の場合に，環のゼータのいくつかの零点や極があると，それらの和をゼータの零点あるいは極に持つ新たな環が構築できます．それは，有限体上のテンソル積で作ればよいわけです．すると，有限体上の環のゼータの零点や極の実部について，幅 1 の評価を一斉に証明しておくと（リーマンゼータの場合には，これはリーマンが証明できた内容です），リーマン予想の証明ができる，という仕組み

になっています．ドリーニュはこの業績によってフィールズ賞を受賞しています．

このように，正標数の場合（つまり，有限体上の場合）にはハッセゼータが行列式表示されている，ということが解析接続・関数等式・リーマン予想が完全に証明されている大きな理由です．

これに対して，通常の数論研究の場となっている標数が 0 の環のゼータの場合には，残念ながら，行列式表示が全くなされていませんし，行列式表示をしないといけない，という考えすら，ほとんど通常の専門家の議論の的になりません．

生物学的には，積分表示はタンパク質描像，行列式表示は DNA 描像ということになります．現代生物学で DNA 描像を用いないなんてことは，ありえないでしょうね．

環のゼータについて，特徴的なことは，環の積に関する関手性です．これは，環の積を取ってゼータを計算すると，環のゼータの積になっている，というわかりやすい性質です．このことは，環のゼータの構成が絶妙である，ということを示しています．これは，行列式表示でいうと，行列（作用素）の直和への移行にあたる内容です．数学的対象物に対してゼータを構成して，それが数学的対象物の「積」に関して関手性を満たす，などということは，そう簡単にありうることでないことは，ためしにやってみるとすぐわかります．

ところが，環のゼータのもう一段深い関手性については，まだまだ不明です．それは，環の（絶対）テンソル積に関する関手性です．行列式表示でいうと，行列（作用素）のクロネッカーテンソル積への移行にあたります．ゼータのレベルで話せば，黒川テンソル積への移行ということになります．

## 7.5 環のゼータの難しさ

環のゼータが難しいことは，たとえば，整数環上の楕円関数環のときに（精密な）ハッセ予想が十分多くの場合に証明できたので，350年振りにフェルマー予想の証明が完了した，ということからもわかるでしょう．現代数学の進展が，環のゼータ研究に新展開をもたらしたわけです．ただし，環のゼータの解析接続と関数等式が解明できたものは，全体からすると，まだごく一部という状態にとどまっています．

このように，一般の場合にハッセ予想を証明することは，現代の数論研究者の見果てぬ夢ということができます．リーマン予想の証明の際によくいわれるたとえを用いると，「ハッセ予想の証明ができるならば，悪魔に魂をわたしても良い」というところが研究者の本音です．

## 7.6 ラングランズ予想

ハッセ予想について，現在，有力な方針と考えられているものが，1970年に提出されたラングランズ予想です．これは，1920年に完成した高木貞治の類体論を一般化した予想で，非可換類体論予想ともいわれます．類体論が代数体の可換ガロア拡大のみを扱っていたのに対し，非可換ガロア拡大も扱うのが非可換類体論の目標です．

ラングランズは，そのために保型表現論を構想し，「ハッセゼータは保型表現のゼータによって書き表すことができるだろう」と予想を立てました．その意味では，ラングランズ予想はハッセ予想の攻略法を与えるもの，ということができます．

ラングランズ予想は，「ガロア表現のゼータと保型表現のゼータは一致する」という形にも定式化されます．ガロア表現とはガロア群の表現で

す．環のゼータはガロア表現のゼータと考えて差し支えありません．また，保型表現とはアデール群の表現です．このように，ガロア表現のゼータも，保型表現のゼータも，ともに群の表現のゼータです．

ラングランズ予想においては，見た目には，ガロア表現のゼータと保型表現のゼータに関して優劣がつけてありません．しかし，実際には，保型表現のゼータがよりわかりやすい，ということがラングランズ予想の前提になっています．わかりにくいガロア表現のゼータや環のゼータを，わかりやすい保型表現のゼータで解明する，というのが核心です．保型表現のゼータは，「保型性」をうまく取り出すことによって，解析接続と関数等式が証明できる，という考えです．

このことは，かなりたくさんの場合に実現されています．その大本は，1859年のリーマンの論文です．そこでは，保型形式であるテータ級数の「保型性」をフーリエ変換によってリーマンゼータの解析接続・関数等式に変換していたわけです．代数体の整数環のゼータの解析接続と関数等式を証明した1917年のヘッケの方法も同じく「保型性」をゼータに変換していたのです．

1916年にラマヌジャンによって発見された保型形式のゼータは，保型性とゼータとの関連を一層明確にしました．その際に，リーマン予想の局所版と言えるラマヌジャン予想を発見したことも，その後の現代数学を大きく変えました．谷山予想は保型表現の前段階である保型形式を用いて定式化されていました．このラマヌジャンの発見した保型形式のゼータを1937年に整理して一般化したのはヘッケでした．

代数体の整数環に対する1917年のヘッケの方法は，1950年頃に岩沢とテイトによってリニューアルされた結果，1960年代から1970年代にかけて，一般線形群 $GL(n)$ の保型表現の(標準)ゼータ研究に適用され，解析接続と関数等式が証明されました．ただし，保型表現のゼータならいつでも解析接続・関数等式が証明済みかというと，そういうわ

けではありません．不明な場合がたくさん残っています．

また，局所的リーマン予想であるラマヌジャン予想については，一般には成立しないことが判明し（黒川 1976 年），ラングランズによって保型表現の構造に関する「メルヘン」をもたらしました（1977 年）．これは，ラングランズ予想の深化と言えます．

ところで，ラングランズ予想は完璧な予想のように見えるのですが，たとえば，整数環上の有限生成の環が与えられたときに，どのように，具体的に保型表現を対応させたら良いのか，については確たるレシピがあるわけではありません．まだまだ，試行錯誤の状態です．

たとえば，整数環上の楕円関数環の場合が完全に解決したのは，1995 年に多くの場合をワイルズとテイラーが証明したのちに，2001 年のテイラーたち四人組による論文でやっとできました．整数環上の楕円関数環のゼータの次に，同じ 2 次元でも，整数環上の種数 2 関数環のゼータの解析接続と関数等式の証明はどのようにしたらよいのかは，不明です．

## 7.7 どちらが先か？

基本的な問題は，何を先に行うべきか，という問題です．環のゼータを，ラングランズ予想のように，保型表現のゼータによって表示しようとする際に，常におこる問題は，どういう順番で証明するか，という問題です．

簡単に言ってしまうと「環のゼータが保型表現のゼータで書けること」と「環のゼータが解析接続と関数等式をもつこと」は同値です．これは，一般には『逆定理』という一連の定理の一環で，環のゼータに限らず，「解析接続と関数等式をもつゼータは保型表現のゼータで書ける」ということを指しています．

したがって,「環のゼータが解析接続と関数等式をもつことを証明するのが先」と「環のゼータが保型表現のゼータで書けることを証明するのが先」という二つの路線対立が鮮明に存在するわけです．それに関して，どちらかを旗幟鮮明にすることなく，現代数論は流れています．

もちろん，大多数は長いものに巻かれろ，という意味で無意識でもラングランズ予想の方針に賛同しているようにつくろっています．王様の耳はロバの耳なのかもしれません．

ここで，教訓的なことは，正標数におけるラングランズ予想の証明です．これは，1980 年にドリンフェルトによって $GL(2)$ の場合が証明され，一般の $GL(n)$ の場合は 2002 年にラフォルグによって証明が完成しました．ドリンフェルトもラフォルグもこの業績によってフィールズ賞を受賞しています．この証明で重要なことは，正標数のゼータにおいては行列式表示が成り立つというものです．

これは，ヴェイユやグロタンディークから知られていたことです．この事実は，一般のラングランズ予想の証明へも重大な示唆を与えているでしょう．なお，正標数の場合には一般的なラマヌジャン予想もラフォルグによって，同時に，解決しています．

したがって，どちらが先かということでは,「積分表示と行列式表示，どちらが先？」という大問題もあります．もちろん，通常のように保型表現のゼータに帰着させるというラングランズ予想の方針では，結局は積分表示に帰着することになります．一般に，それで良いのか，というのが考察すべき問題です．

## 7.8 基本群の問題

環のゼータが難しいのは，整数環上の有限生成の環上で解析が行いに

くいために見えます．そこで考えられることは，環から群を構成して，群のゼータに帰着させよう，という方針です．ここで出てくる群が「基本群」や「絶対ガロア群」というものです．基本群の表現のゼータに対しては，美しい作用素による行列式表示が成り立つものと思われます．簡単な場合には，前回証明した通りです．

基本群のゼータとしては，セルバーグゼータという大きな族があって，解析接続・関数等式・リーマン予想が証明されています．それは，1950年代初頭のセルバーグの研究です．セルバーグはリーマン面の基本群のゼータを構成し，その行列式表示を証明しました．そのために，セルバーグが使ったのが「セルバーグ跡公式」です．

セルバーグ跡公式は，セルバーグゼータの研究だけでなく，保型形式上のヘッケ作用素の跡公式などにも用いられています．その結果，フェルマー予想・谷山予想・佐藤テイト予想の証明でも重要な役割をはたしています．もちろん，ラングランズ予想の部分的証明においても，そうです．

なお，セルバーグはあまり論文を発表しなかったことでも有名です．セルバーグの論文集は2巻本になっていますが，2巻目は一般には出版されなかったものを含んでいます．1954年のゲッチンゲン大学における講義がその例です．このときに，セルバーグゼータの行列式表示やセルバーグゼータの解析接続・関数等式・リーマン予想の証明，セルバーグ跡公式の証明が世界で最初に公表されました．

ただし，セルバーグの論文集に収録されたのは，残念ながら，後半のみでした．前半は，講義に参加したある人がノートを準備したのですが，その出来があまりに悪かったので，載せない，というのがセルバーグのコメントです．

さて，セルバーグも亡くなり，講義録や遺稿がプリンストン高等研究所のホームページで公開されています．セルバーグが公開を望んでい

たかどうか不明なような書き損じまで入っています．さらに，ゲッチンゲン講義録の前半（講義参加者による手書きノート）も公開されています．私には，ひどいノートには見えません．

基本群のセルバーグゼータのような実例を見ても，行列式表示によって，ハッセ予想を証明しようとすることはわかりやすい方針と思われます．ただし，実際に必要になる「基本群」は，もちろん，十分に複雑なものでしょうし，実行が簡単でないことは自明なことでしょう．

## 7.9 絶対数学の視点

環のゼータが難しいのは，環というものが中途半端なものという理由に違いない，という考えで研究が行われているのが，絶対数学です．絶対数学とは一元体上の数学のことです：詳しくは〔2〕を参照してください．一元体上の代数とは一つの演算をもった代数です．通常の数学の言葉では，モノイド（単位元1をもっている半群）で0元をもっているもののことです．群と同じく掛け算（積）のみの代数系です．群と違うのは，各元の（積に関する）逆元が存在することを仮定しないことと0元をもっていることです．一元体は1と0からなるモノイド（演算は掛け算）です．

すべての環は1と0を含んでいて，一元体上の代数と考えることができます．環の演算のうちの和を忘れ（忘和関手，忘却関手），積だけを残したものが，この場合の絶対代数です．したがって，絶対数学からハッセ予想やラングランズ予想やリーマン予想を証明する方針は，それらの予想をすべて一元体上の代数の場合に帰着させる，という単純なものです．

もちろん，この方針の問題点は次の点です．標数0の環は一元体上

で考えると，無限次元になります．したがって，一元体上の無限次元スキーム論が必要になります．

いずれにしましても，一元体という輝点が環のゼータに光を与えることでしょう．一元体というものは，数学の長い歴史のなかで，現代数学までずっと土に埋もれたままですごしてきました．土のなかの根のような存在です．外から見えないので，その重要性に気づかれずにきた，という次第です．

## 7.10 環のゼータの育成

ここで見てきたように，数論の根本問題である，環のゼータやハッセ予想については，長年研究がなされてきたものの，解決への確たる方針があるわけではありません．ともかく，環のゼータやガロア表現のゼータという代数的なゼータは，保型表現のゼータという解析的なゼータと違って，成長させるのに時間がかかり難しい，ということは間違いありません．

保型表現のゼータがやさしいわけではありませんが，それでも，保型性を変換すれば解析接続と関数等式への手がかりがつかめます．それに対して，環のゼータやガロア表現のゼータの場合は解析接続・関数等式への確かな手がかりが見えません．

この状況は，ゼータを生物と思うと（正確には，ゼータ惑星の生物という意味ですが）わかりやすいでしょう．環のゼータやガロア表現のゼータは地球の生物でたとえると，植物の種（たね）にあたると思われます．一方の，保型表現のゼータは成長した植物そのものにあたるのでしょう．

ラングランズ予想によって，このような代数的ゼータと解析的ゼータ

という二種類のゼータは，基本的に一致していて同一のものと考えられますが，見た目は，とてつもなく異なっています．実際，他の星から来て，地球で種を見たときに，成長した植物体と同一のものと認識するのは困難でしょう．

このように見てくると，環のゼータという種を成長（解析接続と関数等式）させて，成体にすることが，現代数学の課題だということがはっきりします．


**参考文献**

[1] 黒川信重『リーマン予想の150年』岩波書店，2009年．
[2] 黒川信重・小山信也『絶対数学』日本評論社，2010年．
[3] 黒川信重『リーマン予想の探求：ABCからZまで』技術評論社，2012年．
[4] 黒川信重『リーマン予想の先へ』東京図書，2013年4月．
[5] 黒川信重・小島寛之『21世紀の新しい数学：絶対数学，リーマン予想，そしてこれからの数学』技術評論社，2013年7月．
[6] H.Kornblum "Über die Primfunktionen in einer arithmetischen Progression"（Landau編）Math. Zeitschrift 5 (1919) 100–111．
[7] 黒川信重「類似の魅力」『数学セミナー』1990年9月号〔黒川信重編『ゼータ研究所だより』日本評論社，2002年，220–223ページに再録〕．

# 第8章
# ゼータと分解・統合

　本章は，ゼータをより簡単なゼータに分解し，その上で統合する話をしましょう．類体論の昔から，ゼータを分解・統合することは数論の基本的な研究方法でした．現在でも，非可換類体論予想・ラングランズ予想としてゼータを分解・統合する研究が行われています．それに伴って，素数も一層分解・統合されることになります．

　肝要なことは，分解と統合の組みです．単に，どんな風にでも分解すれば良い，という話では，全くありません．特に，数学では因数分解や素因数分解でお馴染みの，乗法的分解と統合が重要です．それは，素数論でも原子論でも同じことです．分解したものを，どう安全に統合し処理するかが大切なことです．実際には，原子論ではそうなっていないために，原発も原爆も悲惨な状況が起こっています．現代の最先端の問題点も見えてくるでしょう．

## 8.1　分解ということ

　ここで使う分解という言葉は英語では factorization です．決して，decomposition や split の意味ではありません．中学校でやった因数分解や素因数分解を思い浮かべていただければ間違いありません．数学で分解といえば前者に決まっているでしょうが，日常生活で分解とは後者になっているのでしょう．この違いこそ，分解したあとに責任を持って統合するかどうかの分かれ目です．数学では分解したあとに統合するの

は当然と思われていますが，数学以外の物理などでは，分裂したらそれでいい，という無責任な処理を分解と言っているのでしょう．その証拠が福島第一原子力発電所の現状です．

つまり，数学のように

$$● = □ \cdot △ \cdot ○$$

という因数分解なのか，そうではなく

$$● → □, △, ○$$

という分裂なのか，という違いです．よく相違点を見てください．

　無限次の因数分解は，オイラーが三角関数を一次式（零点）の無限積に分解したのが最初です（1735 年）．オイラーはそれを用いて根と係数の関係からリーマンゼータの正の偶数における値を円周率の偶数べきで表示するという画期的な結果を得たわけです．このオイラーの分解を高次の三角関数に拡張する研究と応用については単行本

黒川信重『現代三角関数論』岩波書店，2013 年 11 月（参考文献〔1〕）

を読んでください．

　ゼータの分解も，三角関数と同じで（というより，三角関数もゼータと見るのが正しいのですが）数学的には「乗法的分解」です．決して「加法的分解」ではありません．これは，ゼータの零点や極の重要性からしても，乗法的分解は重要であるけれど，加法的分解はそうではない，ということです．たとえば，零点は乗法的分解で保たれますが，加法的分解では保たれません．現在までのリーマン予想の研究では，基本的に加法的表示しか使用できなかったため，零点の深い研究ができなかったのが実状でした．

　また，あとで見るように，ゼータの乗法的分解は普通，素数の乗法的分解に連動します．この点からも，乗法的分解が重要なのです．分解したものを統合するのが「積」という「膠」であり，「和」という弱いもの

ではないのです．実際，21世紀の数学と言われる絶対数学は，「和」を忘れて(忘和)「積」だけのモノイド(単圏)から数学をするというものです．仲間との弱い「和」だけでは上手く行きません．強い「積」が重要です．

ゼータにおいては黒川テンソル積という乗法的にゼータを融合させることまで行われています．融合は「積」をより一層強くしたものです．詳しくは参考文献〔1〕を見てください．関連文献〔2〕〔3〕〔4〕〔5〕も参照してください．

## 8.2 ゼータの分解と統合

ゼータの乗法的分解の最初は1737年にオイラーが素数ごとへの分解であるオイラー積表示を発見したときです．それまでは，ゼータは自然数に関する和という形でした．オイラー積分解は，各自然数が素数の積に(順番を除いて)一通りに分解するという「素因数分解の一意性」の言い換えです．したがって，ゼータのオイラー積への分解は素因数分解と等価と解釈されます．オイラー積とは自然数に関する和を素数べきごとの積に因数分解したものです．因数分解の常で，確認(展開)は難しくありませんが，発見(そもそも「因数」があるのかさえ)は困難です．

オイラー積は自然数を素数に分解し，素数全体の積として統合する，という見事なものです．素数に分解した後に，全体の積をとってゼータを再現するというオイラーの考えは，ゼータの発展の基盤となっています．現代数学でゼータと呼ばれるものの大きな部分はオイラー積から出発しています．たとえば，環のゼータであるハッセ(合同)ゼータやリーマン面のゼータであるセルバーグゼータという，リーマン予想まで証明されている二大ゼータ族がそうです．オイラー積から構成されるゼー

タは，それだけでなく，ディリクレ指標のゼータであるディリクレ $L$，代数体のゼータであるデデキントゼータ，保型表現のゼータである保型 $L$，ガロア表現のゼータであるアルチン $L$，等々，枚挙に暇がありません．たとえば，ラングランズが1970年に提出したラングランズ予想によれば，ハッセゼータやガロア表現のゼータは保型表現のゼータに分解表示されます．それは，オイラー積をもったゼータの間の関係を示していて，数論的情報が付随して発生します．

このように，ゼータはオイラー積への分解をはじめに持っているのが普通です．その上で，ゼータをいくつかのゼータに分解するという問題が起こってきます．そのきっかけは，ラングランズ予想の50年前の1920年に，高木貞治が樹立した類体論でした．類体論の一番簡単な例は，有理数体上のアーベル拡大体のゼータが有理数体のゼータであるディリクレ $L$ の積に分解するということです．これは，アーベル拡大体の素イデアル（整数環の極大イデアル）と素数との関係——素数が上のアーベル拡大体で分解するかという一見逆の関係——です．つまり，ゼータでいうと，上のゼータが下のゼータでどう分解するか，というものであり，素数から見ると，下の素イデアルが上の素イデアルにどう分解するか，という関係です．

たとえば，素数 5 は $a+bi$（$a$ と $b$ は整数で，$i$ は虚数単位）という複素整数（ガウス整数）の中では

$$5 = (2+i)(2-i)$$

というように分解します．もっとわかりやすい例では 5 の $n$ 乗根 $a$（考えを固定するために正の数としましょう）をとると $\mathbb{Q}(a)$ という有理数体 $\mathbb{Q}$ の $n$ 次拡大では

$$5 = a \cdots a$$

という $n$ 個の $a$ の積に分解します．なお，$a$ は代数的整数という数論的に良い性格のものです．

これは，原子と呼ばれるものが，高エネルギー状態になるにつれて，さらに分解して行くのに似ています．代数体の場合では，「エネルギーレベル」にあたるものは拡大次数（有理数体 $\mathbb{Q}$ 上のベクトル空間としての次元）と考えられます．一般に，拡大次数を上げていくと，素数もどんどんと分解して行きます．

## 8.3 オイラー積の超収束

これまでのゼータは基本的にオイラー積で構成されてきたわけです（顕著な例外は 21 世紀に発見された絶対ゼータです）．ここで興味深いことは，オイラー積によって定義はされたものの，解析接続や関数等式を示す段になると，一度，ディリクレ級数タイプの和に展開して処理するということが普通な点です．折角，オイラー積から出発するので，そのまま使用して，零点や極の研究に行きたい，というのは自然な考えで，夢だったわけです．

これは，実現されてはいないのですが，『深リーマン予想』というものは，その方向です．とくに，関数等式の中心線を含んで右におけるオイラー積はそのままで（一般には漸近的に）収束する，という予想です．これから通常のリーマン予想が導かれます．オイラー積は本来は絶対収束域でのみ意味を持つはずだったのですが，中心でも収束するなんて，夢のような出来事です．しかも，これは現代のコンピューター（パソコン）で簡単に数値計算が行えて，納得できる，というたくさんのメリットがあります．

これも，乗法的分解・統合というオイラー積の特性を最大限に生かした方法と言えます．深リーマン予想の方が通常のリーマン予想より深くて（強くて）しかも「確認」（あるいは「納得」）が易しい，という状況です．

## 8.4 素数と原子

　ゼータを分解・統合することは，素数への分解・統合に対応する場合が多いのです．ここで，素数の発見の頃を少し振り返って置きましょう．それは，今から 2500 年ほど昔のギリシャ時代にピタゴラス学派によって発見された概念でした．ほどなく，ピタゴラス学派の一員だったデモクリトスによって原子（アトム）概念が発見されました．アトムとはア（否定）とトム（分解）の合成語で，「分解不可能なもの」を意味しています．実に，「原子」概念です．これは，自然数を積に関して分解して行ったときに分解できなくなるものを「素数」と名付けたことと，全く並行している概念構成です．原子論は現在の私たちが想像するように「もの」だけの話ではなく，「原子が滅ばないことから魂は滅びない」という不滅思想，したがって，無神論にもなりました．

　さて，原子概念は，その後，無神論の危険思想として弾圧を受けますが，エピクロスを経て，紀元前 57 年頃に書かれたルクレティウス『事物の本性について（De Rerum Natura）』（『自然の本質について』岩波文庫）に受け継がれ連綿と伝えられました．ルクレティウスの詩情あふれる哲学は読むものを安心させてくれます．

　そして，近代に至って，ドルトン（1766-1844）が原子論を再興しました．ドルトンの研究内容と書き記したものについては，村上陽一郎編『ドルトン：科学の名著 II -6』朝日出版社，1988 年を見てください．

　ドルトンの主著『化学哲学の新体系』第一部は今から約 200 年前の 1808 年に出版されました．その第三章「化学合成について」の冒頭部分から原子論を考察したところをちょっと抜き出しておきます：

「化学的な分解にせよ合成にせよ，それらはつまるところ粒子を

互いに分離させたり再結合させたりすることにほかならない．物質を新たに創造したり破壊することは，化学作用の及ぶ範囲外のことである．水素粒子をつくったり破壊したりできるくらいなら，太陽系に新惑星を導入したり，すでに存在しているものを消滅させたりしようと試みることすら可能となろう．我々がなしうる変化は，凝着や結合の状態にある粒子を引き離すか，それともそれまで離れていた粒子を結びつけるかくらいのものである．」

良く知られているように，ドルトンの生きた19世紀では「原子」はまだアトムの語源の通り分解しない安定した安全なものでした．それが変わったのは20世紀であり，高エネルギー状態では，原子も分解するということが認識されました．しかも，そのことを人間が悪用した結果として，不安定な原子は1945年8月6日と9日に広島と長崎に原子爆弾の悲劇を生み，2011年3月11日に福島第一原子力発電所で大爆発メルトダウンを招いたのです．

その福島第一原子力発電所を必死に守ったのが前所長の吉田昌郎氏です．吉田氏は今年（2013年）の7月9日に58歳で亡くなりました．実に残念なことです．食道癌との発表でありますが福島第一原子力発電所のメルトダウン事故が原因と言えましょう．吉田氏は，2011年3月11日の東日本大地震によって壊滅状態になった福島第一原子力発電所格納容器への海水注入を東京電力本社の命令に背いて続行し日本を救った救世主です．深い哀悼の意とお礼を申し上げます．吉田所長と菅直人首相でなかったら，間違いなく日本は関東圏も含めて壊滅し，人の住めないところになっていたでしょう．吉田氏への貴重なインタビューについては

門田隆将『死の淵を見た男：吉田昌郎と福島第一原発の五〇〇日』
（参考文献〔6〕）

を読んでください．

原子力発電所では，原子の分解を行い，それに伴って出るエネルギーを熱に変えてタービンを回して，電気エネルギーを売るということが行われています．問題は，その際に得られる分解された原子の安全な処理です．これは，大地震や大津波が来なくても，問題なのです．よく考えれば，解決は無いのです．原子力発電は即刻止めるべきです．

## 8.5 素数の超分解

素数が代数的整数にどんどん分解してしまうことは，上で見た通りです．それを，ゼータの分解という観点から見てみましょう．

前回に環のゼータの話をしました．それは，ハッセゼータと呼ばれるもので，極大イデアル全体に関するオイラー積によって構成され，整数環上の有限生成環ならいつでも良いゼータができると思われています．たとえば，通常の整数環のときには，極大イデアルは素数に対応し，ハッセゼータはリーマンゼータと一致します．

環のハッセゼータの構成をもう少しよく見ることにしましょう．環は整数環上の有限生成環とします．このときに，環を極大イデアルで割った剰余体は有限体となりノルム（大きさ）を与えます．その有限体のハッセゼータがオイラー因子と一致します．通常の整数環のときは，整数環を素数 $p$（正確には，素数 $p$ の生成するイデアル $(p)$）で割ると $p$ 元体ができ，$p$ 元体のゼータがオイラー因子を与えています．

このように，環のゼータの構成は環の極大イデアルによる剰余体 (環の剰余環の視点から見れば，環の剰余体) 全体を使用するという方法で，行われているわけです．ある意味で，環を剰余体に分解しているというわけです (環を剰余体全体の直積環に埋め込むことを考えると，も

う少し直接的でしょう）．しかも，その分解にしたがって，ゼータもオイラー積に分解するということになっています．

このように見ますと，通常の素数 $p$ も，それ自身でゼータをもっていることになります．つまり，$p$ 元体のゼータです．そうすると，そのゼータがより一層分解できるかどうかに興味が湧いてきます．

考えてみますと，素数や極大イデアルは空間（スキーム）の観点からは「点」にあたります：詳しくは，参考文献〔5〕の『21世紀の新しい数学』付録「空間と環」（175ページ〜206ページ）を読んでください．ですので，大きさがあること自体が不自然といえばそうだったのです．

実は，素数 $p$ は長さ $\log p$ の円と見るのが良いことがわかります．つまり，「素数は円」なのです．これは，セルバーグゼータの観点から見ると納得できますので，以下に説明しましょう．セルバーグゼータとは典型的にはリーマン面のゼータの場合です．リーマン面 $M$ の閉測地線 $P$ 全体 $\mathrm{Prim}(M)$ を素数全体とみなし，各閉測地線 $P$ のノルム（大きさ）$N(P)$ を $\exp(\mathrm{length}(P))$ と定義するのです．ここで，$\mathrm{length}(P)$ は閉測地線 $P$ の長さです．

これは，リーマン面だけでなく，リーマン多様体 $M$ でも全く同じ定義が可能です．ここでも閉測地線全体 $\mathrm{Prim}(M)$ に関するオイラー積によってセルバーグゼータが構成されます．とくに，階数1の局所対称空間と言われる場合にきれいな性質が確立されています．1次元の場合は円です．このときはノルムが $\exp$（円の長さ）というオイラー因子1個のゼータとなります．たとえば，素数 $p$ に対して長さ $\log p$ の円を考えると，その（セルバーグ）ゼータが素数のゼータと一致します．

なお，ここで $p$ が1に行く極限（円の描像では長さ $\log p$ が0に行く極限，つまり，円が一点に収縮する極限）を取ったものが，絶対数学・絶対ゼータです．

## 8.6 素数ゼータの分解

　素数ゼータを分解することを考えましょう．それは，ゼータを極と零点に関して分解することから得られます．今の場合は，零点はなく，無限個の周期的極に関する無限積に分解します．これが，素数の究極的分解と言えるでしょう．

　分解した先は「超素数」とでも呼ぶべきかもしれません．実は，この分解は多様な解釈が可能です．たとえば，「行列式表示」「誘導表現の既約分解」「絶対ゼータへの分解」等々です．行列式表示については次節で触れます．誘導表現は現代数学の特に重要な概念です（保型形式や保型表現と言われるものも皆，誘導表現です）ので，項を改めましょう．絶対数学については，その目的はすべてのゼータを絶対ゼータに分解することであることのみを注意しておきましょう．絶対ゼータへの分解によって困難だったリーマン予想も証明可能になるわけです．

## 8.7 ゼータの分解・統合から素数公式へ

　ゼータの分解・統合を使って，素数分布を研究したのが1859年のリーマンです．リーマンゼータのオイラー積への分解と零点・極への分解という2つの分解・統合を用いて，素数分布の誤差項なしの公式を求めたわけです．

　セルバーグゼータで同じことを行うと，セルバーグ跡公式を得るということになります．実際は，セルバーグはセルバーグ跡公式をポアソン和公式の非可換群版として得て，リーマンの素数公式を参考にして，セルバーグゼータをオイラー積によって構成したのです．

## 8.8 ゼータの行列式表示から見た分解

　行列式表示をもつゼータの間で分解を考えると，作用素の直和分解が代表的な例になっています．つまり，作用する空間が直和に分解し，作用素もそれに従って直和に分解するという状況です．そうなっていると，ゼータの分解は自然に見えてきます．

　さらに，このときに重要なことは，「ゼータ」をもっと分解することができる，という視点です．それは，もっとも基本的には作用素の固有空間に分解するとうことです．これはゼータを零点と極に関する積に分解するということに対応します．ゼータの分解でいうと，一次式にまで分解するということす．ただし，零点と極に分解するという際の零点と極には固有値にあたる積極的な解釈はなく，零点と極の意味や場所は難しい問題になります．代表的な問題がリーマン予想です．ゼータの零点や極に固有値解釈が与えられている場合——それは「合同ゼータ」と「セルバーグゼータ」という二つの場合です——にはリーマン予想の証明まで済んでいます．つまり，ゼータの固有値への分解が希求されることです．これは，ゼータを誘導表現の既約分解することによって積表示することと連動しています．とくに，セルバーグゼータの行列式表示は誘導表現の既約分解表示と見るのが正しい見方です．

　前回触れましたが，環のゼータについては，わかりやすい分解があります．それは，環の積のゼータは環のゼータの積になっているという性質で，行列式表示でいうと，行列（作用素）の直和分解にあたります．

## 8.9 絶対ゼータの分解・統合

　絶対数学は一元体上の数学で 21 世紀に発展することが期待される数

学です．ゼータの研究においても絶対数学は全く新しい視点を導入しました．それは，ゼータ概念の深化です．これまでは，オイラー積で構築されたゼータの間の分解を考察してきたわけですが，それが，オイラー積を脱構築した絶対ゼータを導入することにより，いままで分解の対象になっていなかった素数ゼータ（素数元体のゼータ）なども絶対ゼータによって分解することが可能になってきたのです．このように，既知のゼータを絶対ゼータによってどこまで分解・統合ができるか，という新たな問題が生じます．リーマン予想の証明等も絶対リーマン予想（絶対ゼータのリーマン予想）の証明に帰着されるわけです．

絶対ゼータの良い例は，以前に見た実数群 $R$ の表現のゼータです．このときに，典型的な分解・統合は表現の直和分解に付随する分解・統合です．基本的には，既約表現のゼータに分解・統合されます．

## 8.10 ゼータの分解・統合の教訓

ゼータの乗法的分解においては，常に，統合も現れています．つまり，因数分解と同じです．単に分解するだけでなく，その分解して得られたもの全体の積として統一された像が構築されるのです．

一方，原子の分解においては，分解において出てきたすべてのものを統合することが行われていません．本当に，ばらばらに分裂していきます．思い返せば，もともと，原子への分解も「加法的」（質量を見ればそう）だったのです．これが20世紀の原爆と21世紀の原発という二重の惨状を日本にもたらした根源です．

世の中の人々が，数学の因数分解や素因数分解に慣れ親しめば，平和な世界が来ることでしょう．

## 参考文献

[1] 黒川信重『現代三角関数論』岩波書店, 2013 年 11 月.
[2] 黒川信重『リーマン予想の 150 年』岩波書店, 2009 年.
[3] 黒川信重『リーマン予想の探求：ABC から Z まで』 技術評論社, 2012 年.
[4] 黒川信重『リーマン予想の先へ』東京図書, 2013 年 4 月.
[5] 黒川信重・小島寛之『21 世紀の新しい数学：絶対数学, リーマン予想, そしてこれからの数学』技術評論社, 2013 年 7 月.
[6] 門田隆将『死の淵を見た男：吉田昌郎と福島第一原発の五〇〇日』ＰＨＰ研究所, 2012 年.

# 第9章 ゼータと量子化・古典化

　量子力学と古典力学の対比は現代数学の観点からも興味深いものです．これは，普通，代数や幾何や解析それぞれの側面から扱われることが多いのですが，本章はゼータの視点から見たいと思います．すると，現代数学を量子化しなければならないと言うより，まずしなければいけないのは現代数学の古典化だったのでは，と気付かされます．足元の宝を大切にしましょう．

## 9.1 量子化と古典化

　量子力学が出来たのは，1913年のボーアの初期量子力学からのようです．ボーアは，それによって水素スペクトル（1885年にバルマーによってバルマー法則が発見されていた）の様子を説明したわけです．ちょうど100年後の今年は量子版と古典版の類比について考えるのにふさわしいでしょう．

　量子力学と古典力学を比較すると

$$(\text{A}) \begin{cases} 量子力学 \cdots\cdots 離散的 \\ 古典力学 \cdots\cdots 連続的 \end{cases}$$

という言葉が浮かびます．また

$$(\text{B}) \begin{cases} 量子力学 \cdots\cdots h \neq 0 \\ 古典力学 \cdots\cdots h = 0 \end{cases}$$

という対比もあるでしょう．ここで，$h$ はプランク定数です．

ゼータで見ますと，第 6 回で扱いましたが，表現
$$\rho : \mathbb{Z} \longrightarrow U(n)$$
に対しての離散ゼータ
$$\zeta_\rho^{\mathbb{Z}}(s) = \exp\left(\sum_{m=1}^{\infty} \frac{\operatorname{trace} \rho(m)}{m \, e^{ms}}\right)$$
$$= \det(1-\rho(1)e^{-s})^{-1}$$
と連続表現
$$\rho : \mathbb{R} \longrightarrow U(n)$$
に対しての連続ゼータ
$$\zeta_\rho^{\mathbb{R}}(s) = \exp\left({}^{\text{“}}\!\!\int_0^\infty \frac{\operatorname{trace} \rho(t)}{t \, e^{ts}} dt{}^{\text{”}}\right)$$
$$= \det(s-D_\rho)^{-1}$$
との対比が，量子（離散）と古典（連続）という (A) の関係にあたるでしょう．ここで，積分についている"　"は正規化された積分
$$\text{“}\!\!\int_0^\infty \frac{\operatorname{trace} \rho(t)}{t \, e^{ts}} dt\text{”}$$
$$= \frac{\partial}{\partial w}\left(\frac{1}{\Gamma(w)} \int_0^\infty \frac{\operatorname{trace} \rho(t)}{t \, e^{ts}} t^w dt\right)\bigg|_{w=0}$$
を意味しています．また，
$$D_\rho = \lim_{t \to 0} \frac{\rho(t)-1}{t}$$
です．

一方，(B) の関係は，何らかの量や理論に対して
$$\begin{cases} \lim_{h \to 0} A_h = A_0 & \cdots\cdots \text{古典化} \\ A_0 \rightsquigarrow A_h & \cdots\cdots \text{量子化} \end{cases}$$
となるものでしょう．これについて，ゼータで見て行くことにしましょ

*126*

う．この際に，素数 $p$ に対して

$$\begin{cases} \mathbb{F}_p \xrightarrow[h \longrightarrow 0]{p=e^h \longrightarrow 1} \mathbb{F}_1 \\ \zeta_{\mathbb{F}_p}(s) = \dfrac{1}{1-p^{-s}} \xrightarrow[h \longrightarrow 0]{p \longrightarrow 1} \zeta_{\mathbb{F}_1}(s) = \dfrac{1}{s} \\ \bigcirc \;\; 長さ \log p = h の円 \xrightarrow[h \longrightarrow 0]{p \longrightarrow 1} \bullet \; 点 \end{cases}$$

という絵を頭の片隅に浮かべておいていただくと良いでしょう．

## 9.2 有限体

有限体 $\mathbb{F}_q$ はガロアが 1830 年頃に考え出したもので

$$q = 2, 3, 4, 5, 7, 8, 9, 11, 13, 16, 17, 19, 23, 25, 27, \cdots$$

という各素数べき $q$ に対して唯一つずつ存在します．その具体的な作り方は，素数 $p$ と自然数 $n \geqq 1$ に対して，$q = p^n$ としたとき，$n$ 次の既約多項式 $f(X) \in \mathbb{F}_p[X]$ を取って剰余体

$$\mathbb{F}_q = \mathbb{F}_p[X]/(f)$$

を構成するのが，わかりやすい方法です．ここで，

$$\mathbb{F}_p = \{0, 1, \cdots, p-1\}$$

は $\bmod p$ の計算によって和と積を入れた $p$ 元体，$\mathbb{F}_p[X]$ は多項式環です．このような $f(X)$ は必ず存在していて，$X^q - X$ の既約因子から選ぶことができます．最高次の係数を 1（モニック）にしておくと，$f(X)$ の個数は

$$\frac{1}{n} \sum_{d|n} \mu\left(\frac{n}{d}\right) p^d$$

となります．ここで，

$$\mu(m) = \begin{cases} 1 & \cdots m \text{ は相異なる偶数個の素数の積および } 1, \\ -1 & \cdots m \text{ は相異なる奇数個の素数の積}, \\ 0 & \cdots \text{その他 (つまり, 素数の平方で割り切れるとき)} \end{cases}$$

はメビウス関数です．

別の構成方法としては，$\mathbb{F}_p$ の代数閉包 $\bar{\mathbb{F}}_p$ を用いて
$$\mathbb{F}_q = \{\alpha \in \bar{\mathbb{F}}_p \mid \alpha^q = \alpha\}$$
とおくのが，定義としては簡単です．

さて，
$$h = \log q$$
と置いてみますと
$$q = e^h$$
です．何となく，プランク定数のような気配がします．また，一元体は
$$\mathbb{F}_1 = \lim_{h \to 0} \mathbb{F}_q$$
となります ($q = e^h$)．そこで，

---
**仮説**

有限体 $\mathbb{F}_q$ は量子版，一元体 $\mathbb{F}_1$ は古典版．

---

と考えてみましょう．物理学で量子版が出てくるのは 1900 年のプランクの講演ですので，数学では 70 年先行していたのかも知れません．ただ，21 世紀の数学と言われる絶対数学の基礎を与える一元体 $\mathbb{F}_1$ が古典版というのは直観に反するかも知れませんね．

## 9.3 古典化

離散ゼータが $h \to 0$ で連続ゼータに行くことを見ておきましょう．

**定理 9.1**

連続表現
$$\rho : \mathbb{R} \longrightarrow U(n)$$
と $h > 0$ に対して，$\rho$ を制限した
$$\rho : h\mathbb{Z} \longrightarrow U(n)$$
を考えます．ここで，
$$h\mathbb{Z} = \{hm \mid m \in \mathbb{Z}\}$$
は加法群です．いま，
$$\zeta_\rho^{h\mathbb{Z}}(s) = \exp\left(\sum_{m=1}^{\infty} \frac{\operatorname{trace} \rho(mh)}{m\, e^{mhs}}\right)$$
とおきます．このとき
$$\lim_{h \to 0} h^{\deg(\rho)} \zeta_\rho^{h\mathbb{Z}}(s) = \zeta_\rho^{\mathbb{R}}(s)$$
が成立します．ただし，$\deg(\rho) = n$ は $\rho$ の次数です．

**証明** 第 6 回の計算のように，
$$\rho = \bigoplus_\lambda \chi_\lambda$$
と $n$ 個の 1 次元表現 $\chi_\lambda$ の直和に分解します．ここで，
$$\chi_\lambda(t) = e^{\lambda t} \quad (\lambda \text{ は純虚数})$$
です．すると
$$\operatorname{trace} \rho(mh) = \sum_\lambda \chi_\lambda(mh)$$
$$= \sum_\lambda e^{\lambda mh}$$

ですので
$$\zeta_\rho^{h\mathbb{Z}}(s) = \prod_\lambda \exp\left(\sum_{m=1}^\infty \frac{1}{m} e^{-m(s-\lambda)h}\right)$$
$$= \prod_\lambda \frac{1}{1-e^{-(s-\lambda)h}}$$
となり，
$$\lim_{h\to 0} h^n \cdot \zeta_\rho^{h\mathbb{Z}}(s) = \lim_{h\to 0} \prod_\lambda \frac{h}{1-e^{-(s-\lambda)h}}$$
$$= \prod_\chi \frac{1}{s-\lambda}$$
$$= \zeta_\rho^\mathbb{R}(s)$$
となります． 証明終

## 9.4 仮想表現

前節の定理は仮想表現 (virtual representation; ヴァーチャル表現) にした方が見やすいでしょう．仮想表現 $\rho$ とは表現 $\rho_+$, $\rho_-$ の組
$$\rho = (\rho_+, \rho_-)$$
のことです．ただし，
$$\mathrm{trace}(\rho) = \mathrm{trace}(\rho_+) - \mathrm{trace}(\rho_-)$$
として計算します．ゼータ $\zeta_\rho^\mathbb{Z}(s)$, $\zeta_\rho^\mathbb{R}(s)$ などの構成は今までと全く同様です．また，$\rho$ の次数 (次元) は
$$\deg(\rho) = \deg(\rho_+) - \deg(\rho_-)$$
と定義します．

第6回の結果を仮想表現に直しておきましょう．まずは離散版です．

## 定理 9.2

$\mathbb{Z}$ の仮想表現 $\rho = (\rho_+, \rho_-)$ に対して次が成立します．

(1) $\zeta_\rho^{\mathbb{Z}}(s) = \dfrac{\zeta_{\rho_+}^{\mathbb{Z}}(s)}{\zeta_{\rho_-}^{\mathbb{Z}}(s)}$．

(2) $\zeta_\rho^{\mathbb{Z}}(s) = \text{sdet}(1 - \rho(1)e^{-s})^{-1}$
$= \dfrac{\det(1 - \rho_-(1)e^{-s})}{\det(1 - \rho_+(1)e^{-s})}$

ただし，sdet は超行列式 (super determinant) で，下段が定義です．

(3) 関数等式：
$$\zeta_{\rho^*}^{\mathbb{Z}}(-s) = (-1)^{\deg(\rho)} e^{-\deg(\rho)s} \text{sdet}(\rho(1)) \zeta_\rho^{\mathbb{Z}}(s).$$

ここで，
$$\text{sdet}(\rho(1)) = \frac{\det(\rho_+(1))}{\det(\rho_-(1))}$$

で，$\rho^* = (\rho_+^*, \rho_-^*)$ は反傾表現です．

(4) リーマン予想：

$\zeta_\rho^{\mathbb{Z}}(s)$ の零点と極はすべて虚軸 $\text{Re}(s) = 0$ 上に乗っています．

**証明**

(1) $\quad \text{trace}(\rho) = \text{trace}(\rho_+) - \text{trace}(\rho_-)$

ですから

$$\zeta_\rho^{\mathbb{Z}}(s) = \exp\left(\sum_{m=1}^\infty \frac{\text{trace}\,\rho_+(m)}{m\,e^{ms}} - \sum_{m=1}^\infty \frac{\text{trace}\,\rho_-(m)}{m\,e^{ms}}\right)$$
$$= \frac{\zeta_{\rho_+}(s)}{\zeta_{\rho_-}(s)}.$$

(2) 行列式表示
$$\zeta_{\rho_+}^{\mathbb{Z}}(s) = \det(1 - \rho_+(1)e^{-s})^{-1}$$

と

$$\zeta_{\rho_-}^{\mathbb{Z}}(s) = \det(1 - \rho_-(1)e^{-s})^{-1}$$

を組み合わせて
$$\zeta_\rho^Z(s) = \frac{\det(1-\rho_+(1)e^{-s})^{-1}}{\det(1-\rho_-(1)e^{-s})^{-1}}$$
$$= \mathrm{sdet}(1-\rho(1)e^{-s})^{-1}.$$

(3) 関数等式

$\zeta_{\rho_+^*}^Z(-s) = (-1)^{\deg(\rho_+)} \det(\rho_+(1)) e^{-\deg(\rho_+)s} \zeta_{\rho_+}^Z(s),$

$\zeta_{\rho_-^*}^Z(-s) = (-1)^{\deg(\rho_-)} \det(\rho_-(1)) e^{-\deg(\rho_-)s} \zeta_{\rho_-}^Z(s),$

の商をとって
$$\zeta_{\rho^*}^Z(-s) = (-1)^{\deg(\rho)} \mathrm{sdet}(\rho(1)) e^{-\deg(\rho)s} \zeta_\rho^Z(s).$$

(4) 行列式表示 (2) において $\rho_+(1)$ と $\rho_-(1)$ がユニタリ行列であることから成立します。 **証明終**

次は連続版です．**数力**が現れています．

---

**定理9.3**（黒川）

$\mathbb{R}$ の仮想表現 $\rho = (\rho_+, \rho_-)$ に対して次が成立します．

(1) $\zeta_\rho^\mathbb{R}(s) = \dfrac{\zeta_{\rho_+}^\mathbb{R}(s)}{\zeta_{\rho_-}^\mathbb{R}(s)}.$

(2) $\zeta_\rho^\mathbb{R}(s) = \mathrm{sdet}(s - D_\rho)^{-1}$
$= \dfrac{\det(s - D_{\rho_-})}{\det(s - D_{\rho_+})}.$

ここで，$D_\rho = (D_{\rho_+}, D_{\rho_-})$.

(3) 関数等式：
$$\zeta_{\rho^*}^\mathbb{R}(-s) = (-1)^{\deg(\rho)} \zeta_\rho^\mathbb{R}(s).$$

(4) 絶対リーマン予想：

$\zeta_\rho^\mathbb{R}(s)$ の零点と極はすべて虚軸上に乗っています．

**証明**

(1) $\operatorname{trace}(\rho) = \operatorname{trace}(\rho_+) - \operatorname{trace}(\rho_-)$

なので

$$Z_\rho^{\mathbb{R}}(w, s) = \frac{1}{\Gamma(w)} \int_0^\infty \frac{\operatorname{trace}\rho(t)}{t\,e^{ts}} t^w dt$$

$$= \frac{1}{\Gamma(w)} \int_0^\infty \frac{\operatorname{trace}\rho_+(t) - t\operatorname{race}\rho_-(t)}{t\,e^{ts}} t^w dt$$

$$= Z_{\rho_+}^{\mathbb{R}}(w, s) - Z_{\rho_-}^{\mathbb{R}}(w, s)$$

より

$$\zeta_\rho^{\mathbb{R}}(s) = \exp\left( \frac{\partial}{\partial w} Z_\rho^{\mathbb{R}}(w, s) \Big|_{w=0} \right)$$

$$= \exp\left( \frac{\partial}{\partial w} Z_{\rho_+}^{\mathbb{R}}(w, s) \Big|_{w=0} - \frac{\partial}{\partial w} Z_{\rho_-}^{\mathbb{R}}(w, s) \Big|_{w=0} \right)$$

$$= \frac{\zeta_{\rho_+}^{\mathbb{R}}(s)}{\zeta_{\rho_-}^{\mathbb{R}}(s)}.$$

(2)(3) は $\zeta_{\rho_+}^{\mathbb{R}}(s)$ と $\zeta_{\rho_-}^{\mathbb{R}}(s)$ の行列式表示・関数等式より成立.

(4) は $D_{\rho_+}$ と $D_{\rho_-}$ が歪エルミート行列より成立.

証明終

離散から連続への対応は次の通りです.

---

**定理 9.4**

$\mathbb{R}$ の仮想表現 $\rho = (\rho_+, \rho_-)$ に対して
$$\lim_{h \to 0} h^{\deg(\rho)} \cdot \zeta_\rho^{h\mathbb{Z}}(s) = \zeta_\rho^{\mathbb{R}}(s).$$
とくに, $\deg(\rho) = 0$ (つまり $\deg(\rho_+) = \deg(\rho_-)$) のときは
$$\lim_{h \to 0} \zeta_\rho^{h\mathbb{Z}}(s) = \zeta_\rho^{\mathbb{R}}(s).$$

**証明** 定理 9.1 より

$$\lim_{h \to 0} h^{\deg(\rho_+)} \cdot \zeta_{\rho_+}^{h\mathbb{Z}}(s) = \zeta_{\rho_+}^{\mathrm{R}}(s),$$

$$\lim_{h \to 0} h^{\deg(\rho_-)} \cdot \zeta_{\rho_-}^{h\mathbb{Z}}(s) = \zeta_{\rho_-}^{\mathrm{R}}(s)$$

ですので,

$$\lim_{h \to 0} h^{\deg(\rho)} \cdot \zeta_\rho^{h\mathbb{Z}}(s) = \lim_{h \to 0} \frac{h^{\deg(\rho_+)} \cdot \zeta_{\rho_+}^{h\mathbb{Z}}(s)}{h^{\deg(\rho_-)} \cdot \zeta_{\rho_-}^{h\mathbb{Z}}(s)}$$

$$= \frac{\zeta_{\rho_+}^{\mathrm{R}}(s)}{\zeta_{\rho_-}^{\mathrm{R}}(s)}$$

$$= \zeta_\rho^{\mathrm{R}}(s).$$

証明終

**注意** $N_\rho(u) = \mathrm{trace}\,\rho(\log u)$
とすると

$$N_\rho(u) = N_{\rho_+}(u) - N_{\rho_-}(u)$$

となりますので

$$\deg(\rho) = N_\rho(1)$$

です. したがって,

$$\deg(\rho) = 0 \iff N_\rho(1) = 0$$

となり, このときは

$$\zeta_\rho^{\mathrm{R}}(s) = \exp\left(\int_0^\infty \frac{\mathrm{trace}\,\rho(t)}{t\,e^{ts}}\,dt\right)$$

における積分は正規化が不必要になっています: 参考文献 [6] を参照されたい.

## 9.5 量子ゼータと古典ゼータ

$p$ は素数とし,

$$p = e^h \quad (h = \log p)$$

と書いておくことにします．$\mathbb{Z}$ 上のスキーム $X$ に対して合同ゼータは

$$\zeta_{X/\mathbb{F}_p}(s) = \exp\Big(\sum_{m=1}^{\infty} \frac{|X(\mathbb{F}_{p^m})|}{m} p^{-ms}\Big)$$

$$= \exp\Big(\sum_{m=1}^{\infty} \frac{N_X(p^m)}{m} p^{-ms}\Big)$$

でした．ここで

$$N_X(q) = |X(\mathbb{F}_q)|$$

です．

この和を積分と考えるために，ジャクソン (Jackson) 積分を導入します．これは $p$ 積分とも言いますが，現在考えている範囲では

$$\int_1^{\infty} f(u) d_p u = \sum_{m=1}^{\infty} f(p^m)(p^m - p^{m-1})$$

と定義します．この右辺は図形的には下図のように棒グラフの面積の和です．このことから

$$\int_1^{\infty} f(u) d_p u \xrightarrow[h \longrightarrow 0]{p \longrightarrow 1} \int_1^{\infty} f(u) du$$

という通常の積分に収束することが充分たくさんの $f(u)$ に対して成立することが推察できるでしょう．

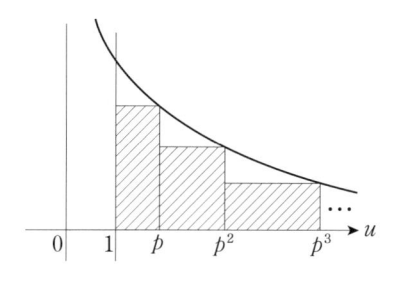

さて，このジャクソン積分を用いますと

$$\zeta_{X/\mathbb{F}_p}(s) = \exp\left(\frac{\log p}{1-p^{-1}} \int_1^\infty \frac{N_X(u)}{(\log u)u^{s+1}} d_p u\right)$$

となることがわかります．したがって

$$\zeta_{X/\mathbb{F}_p}(s) \xrightarrow[h \longrightarrow 0]{p \longrightarrow 1} \exp\left({}^{``}\int_1^\infty \frac{N_X(u)}{(\log u)u^{s+1}} du{}^{"}\right)$$
$$= \zeta_{X/\mathbb{F}_1}(s)$$

という風に合同ゼータが絶対ゼータに行くことが期待されます．実際，たとえば $N_X(u) \in \mathbb{Z}[u]$ のときはそうなっています．

このようにして，

$$\begin{cases} \zeta_{X/\mathbb{F}_p}(s) \text{ が } \boxed{\text{量子ゼータ}} \\ \zeta_{X/\mathbb{F}_1}(s) \text{ が } \boxed{\text{古典ゼータ}} \end{cases}$$

とみなせることになります．

## 9.6 量子化

ゼータでは正規化表示

$$Z(s) = \prod_\alpha ((s-\alpha))^{m(\alpha)}$$

されているときの量子化として

$$Z_p(s) = \prod_\alpha (1-p^{\alpha-s})^{m(\alpha)}$$

を考えれば，基本的に良いでしょう．このタイプの量子化の古い記録は

バーンズ・ガンマ関数 （1904年）[参考文献[5]]
$$\Gamma_r(s,(\omega_1,\cdots,\omega_r))^{-1}$$
$$=\prod_{n_1\cdots,n_r\geq 0}(s+n_1\omega_1+\cdots+n_r\omega_r)$$

⇓ 量子化

アッペル・オー関数 （1882年）[参考文献[4]]
$$O_r^p(s,(\omega_1,\cdots,\omega_r))$$
$$=\prod_{n_1,\cdots,n_r\geq 0}(1-p^{-(s+n_1\omega_1+\cdots+n_r\omega_r)})$$

というものです．このような多重ガンマ関数や多重三角関数については参考文献[1][2][3]を参照してください．ただし，上記の例では，量子版が古典版の前に出てきたという点が，はじめに量子版の$\mathbb{F}_p$があって，後に古典版の$\mathbb{F}_1$が出てきたということに類似していて，面白いことです．

現代数学では，今までの数学を"古典版"と考えて，その"量子版"を考えようとするのが基本的な姿勢でした．絶対数学をやっていると，その逆で，有限体のような"量子版"が先にあって，一元体のような"古典版"が見つかっていなかった——見つけようともしていなかった——のだと気が付きます．

## 9.7 リーマン予想の証明へ

今回の文章を書いていて，昔考えたことをひとつ思い出しました．記念に書いておきます．それは，$X$を$\mathbb{Z}$上のスキームとして，ハッセゼータ

$$\zeta_X(s)=\prod_{x\in|X|}(1-N(x)^{-s})^{-1}$$

*137*

のリーマン予想を証明することを考えたい，というものです．ここで，$|X|$ は $X$ の閉点全体で，$N(x)$ は $x$ における剰余体の元の個数です．たとえば，リーマンゼータは $X = \mathrm{Spec}(\mathbb{Z})$ のときの $\zeta_X(s)$ です：参考文献 [2] の付録「空間と環」を見てください．

いま，素数 $p$ に対して

$$\zeta_X(s) \underset{古典化}{\overset{量子化}{\rightleftharpoons}} \zeta_{X \underset{\mathbb{F}_1}{\otimes} \mathbb{F}_p}(s)$$

を見ましょう．ここで，$\zeta_{X \underset{\mathbb{F}_1}{\otimes} \mathbb{F}_p}(s)$ は $\zeta_X(s)$ と

$$\zeta_{\mathbb{F}_p}(s) = (1-p^{-s})^{-1}$$

との黒川テンソル積と考えることにします．そのとき，$\zeta_{X \underset{\mathbb{F}_1}{\otimes} \mathbb{F}_p}(s)$ は $\mathbb{F}_p$ 上のスキーム $X \underset{\mathbb{F}_1}{\otimes} \mathbb{F}_p$ のゼータ（合同ゼータ）のはずですので，リーマン予想はドリーニュ式に証明できるでしょう（ただし，$X \underset{\mathbb{F}_1}{\otimes} \mathbb{F}_p$ は $\mathbb{F}_p$ 上の無限次元スキームとなるかも知れません）．

このように $\zeta_{X \underset{\mathbb{F}_1}{\otimes} \mathbb{F}_p}(s)$ のリーマン予想が証明されれば，あとは古典化 $p \to 1$ によって（あるいは黒川テンソル積の構成に戻って），$\zeta_X(s)$ のリーマン予想が得られるでしょう．

**問題** $p>1$ とします．$\alpha>1$ のとき $p$ 積分

$$\int_1^\infty \frac{(\log u)^k}{u^\alpha} d_p u$$

を $k = 0, 1$ に対して計算し，$p \to 1$ の極限で積分

$$\int_1^\infty \frac{(\log u)^k}{u^\alpha} du$$

に一致することを示してください．

**解答** $k = 0$ のとき：

$$\int_1^\infty \frac{1}{u^\alpha} d_p u = \sum_{m=1}^\infty \frac{1}{(p^m)^\alpha}(p^m - p^{m-1})$$

$$= (1-p^{-1})\sum_{m=1}^\infty p^{-m(\alpha-1)}$$

$$= p^{-(\alpha-1)} \frac{1-p^{-1}}{1-p^{-(\alpha-1)}}$$

$$\xrightarrow{p \to 1} \frac{1}{\alpha-1} = \int_1^\infty \frac{1}{u^\alpha} du.$$

$k=1$ のとき

$$\int_1^\infty \frac{\log u}{u^\alpha} d_p u = \sum_{m=1}^\infty \frac{\log(p^m)}{(p^m)^\alpha}(p^m - p^{m-1})$$

$$= (1-p^{-1})\log p \sum_{m=1}^\infty m p^{-m(\alpha-1)}$$

$$= (1-p^{-1})\log p \frac{p^{-(\alpha-1)}}{(1-p^{-(\alpha-1)})^2}$$

$$\xrightarrow{p \to 1} \frac{1}{(\alpha-1)^2} = \int_1^\infty \frac{\log u}{u^\alpha} du.$$

---

**自由研究**

一般の $k$ ではどうなるでしょう．

---

**参考文献**

[1] 黒川信重『現代三角関数論』岩波書店, 2013 年 11 月

[2] 黒川信重・小島寛之『21 世紀の新しい数学：絶対数学，リーマン予想，そしてこれからの数学』技術評論社, 2013 年 7 月

[3] 黒川信重『リーマン予想を解こう：ゼータから数力研究へ』技術評論社, 2014.

[4] P.Appell "Sur une class de fonctions analogues aux fonctions Eulériennes" Math. Ann. 19 (1882) 84–102.

[5] E.W.Barnes "On the theory of the multiple gamma functions" Trans.Cambridge Philos. Soc. 19 (1904) 374–425.

[6] N.Kurokawa and H.Ochiai "Dualities for absolute zeta functions and multiple gamma functions" Proc. Japan Acad. 89 A (2013) 75–79.

# 第10章 ゼータと長期計画

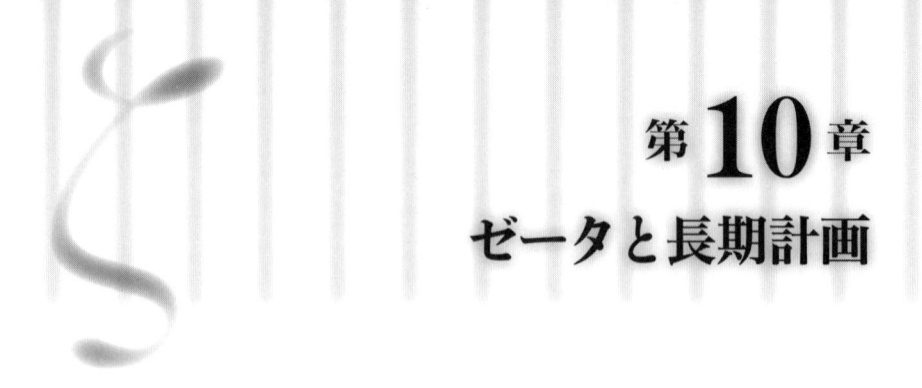

　本章ではゼータの研究における長期計画の問題を考えます．2011年3月11日の巨大地震によって800年スパンで考えねばならないことを思い知らされました．現代では，研究に限らず，一年（あるいはもっと短期）ごとの計画と成果が求められます．科学研究費の申請にも，無難そうな言葉が並ぶのみで，その成果もあらかじめ見えていることになってしまいます．日本は，とくに「エコノミックアニマル」と言われる国民性の通り，資金回収に合った超短期的計画しか許容されません．現代世界は経済中心のグローバルな世の中ですので，どこの国でも，多少とも似たり寄ったりのところはあります．ただし，1000兆円を超える借金を背負った日本は，とくに地球最悪の借金地獄に陥った国として恐れられていて，そのことは研究にも連動してきます．日本脱出の数学者も増えているのも心配なことです．数学と限らないテーマも少し見てみましょう．

## 10.1　ゼータの最初の長期計画：グロタンディーク

　数学研究の長期計画とは，何年にもわたる計画です．成功した例としては，グロタンディークによる合同ゼータのリーマン予想（この場合は「ヴェイユ予想」と呼ばれていた）の証明計画があります．これは，1950年代後半に企画されました．中心となるのはスキーム論の構築でした．主な出版物に限ると，グロタンディークの1958年に東北大学数

学雑誌に発表した論文を出発点として，1960年のSGA 1から1970年のSGA 7までのSGA (代数幾何学セミナー) シリーズがあります．グロタンディークはEGA (代数幾何学原論) シリーズによって，証明を完全に書き上げることを企画していました．それは全13巻からなる教科書シリーズの予定でしたが，出版されたのは第4巻までで，第5巻の原稿の一部が残された形です．

　研究に必要な情報はほぼSGAシリーズに記録されました．たとえば，合同ゼータを行列式で表示することはSGA 5までで完成しています．具体的には，フロベニウス作用素が作用するエタールコホモロジー空間をSGA 4で構成し，フロベニウス作用素の跡公式をSGA 5において証明することによって，合同ゼータはフロベニウス作用素によって行列式表示されたわけです．後の人々はそれを使って，いろいろな問題や予想を解いて賞と賞金を得てきたわけです：フィールズ賞だけでも，ドリーニュ，ドリンフェルト，ラフォルグ等々．

　本来のグロタンディークの目的だった合同ゼータのリーマン予想の証明は，1974年に出版されたドリーニュの論文で完成しました．グロタンディークが1950年代末に研究計画を立ててからちょうど25年というところでしょう．ただし，その証明は，スタンダード (標準) 予想を解いて証明を完成するというグロタンディークの構想そのものではなく，かなりショートカットされたものでした．そのため，残念ながら，スタンダード予想は未だに証明されておらず，EGA 5～EGA 13も完成していません．

## 10.2　ゼータ長期計画候補

　絶対数学という言葉は最近ではだいぶ使われるようになってきました

が，今から 20 年以上の昔，次のようなゼータ研究計画を話すと笑われたことを良く覚えています．

(A) リーマン予想証明の長期計画：絶対数学を樹立し，その応用としてリーマン予想を証明する．

(B) ラングランズ予想証明の長期計画：絶対数学を樹立しラングランズ予想を証明する．

ともに，一元体 $\mathbb{F}_1$ 上のゼータ関数論を確立して，通常のゼータを絶対ゼータに帰着させるという方針です．リーマン予想なら，絶対リーマン予想 (絶対ゼータのリーマン予想) に帰着させ，ラングランズ予想なら，絶対ラングランズ予想 (絶対ゼータのラングランズ予想) に帰着させる，というものです．詳しくは参考文献 [1][2][3][4][5][6][7][8] を見てください．

ゼータに関する長期計画としては，期せずして，そうなっているもの，もあります．たとえば，フェルマー予想の研究は 350 年ほどで完成しましたが，それは，最終的には，楕円曲線のゼータの解析性という問題の解決に帰着され 1995 年に解決したのですが，楕円曲線のゼータの問題と認識されたのは，1985 年ころなので，ゼータという観点からは 10 年ということになるでしょう．

ここで，フェルマーがこの問題を出した 1600 年代に戻ってみましょう．フェルマー予想 (もっともフェルマーは「証明を書くには余白が足りない」と読んでいた本に書き込んでいましたので，自分で解いたと思っていたはずです) を聞いた研究者が「フェルマー予想研究計画」を立ち上げたとして，その方法を「類数の研究」「楕円曲線のゼータの研究 (谷山予想の研究)」などとあげても，誰も理解してくれなかったはずです．せいぜい，350 年後の解決をタイムマシンで覗き見してきたくらい

にしか相手にされなかったことでしょう．

もっとも，これは，それほどの長期でなかったラマヌジャン予想 (1916 年提出 – 1974 年解決) や佐藤テイト予想 (1963 年提出 – 2011 年解決) の場合でも，多かれ少なかれ同様です．たとえば，ラマヌジャンが 1916 年にラマヌジャン予想を提出したときに，誰かが「ラマヌジャン予想研究計画」を作り，「有限体上のスキームに対する合同ゼータに対するリーマン予想を証明しラマヌジャン予想を導く」と書いたとしても理解されなかったはずです．真の研究計画とはそういうものです．もちろん，合同ゼータに対するリーマン予想の証明計画は 1950 年代の終わりからグロタンディークが開始することになります．

## 10.3 ベル研究所の長期計画

数学とは限らない長期計画の例として，ベル研究所を見ておきましょう．この点については次の本が詳しいので参照されたい：

『世界の技術を支配するベル研究所の興亡』文藝春秋社，2013 年 6 月 (参考文献 [9])．

1925 年に発足したベル研究所の研究テーマは，人間のコミュニケーションにわずかでも関係することならなんでもよく，数学はもとより，物理化学，有機化学，冶金学，磁気学，電気伝導，放射，電子工学，音響学，光学，力学，生理学，心理学，気象学もはいっていたということです (44 ページ)．ショックレーやシャノンという有名な研究者もベル研究所に所属していました．ちなみに，ショックレー達がベル研究所においてトランジスタを発明したのは 1947 年末のことです．シャノンは，0, 1 値によるブール代数に基づいた情報理論の研究を 1937 年に MIT の修士論文において開始し，のちにベル研究所に所属し

てからも研究を続行し，1948 年に『ベルシステム・テクニカル・ジャーナル』に「通信の数学的理論」という大理論に結実しました．目先の功利だけを追求する態度からは生まれないでしょう．

　ベル研究所に長く居て後にミネソタ大学に移ったオドリツコ教授は，そのホームページにゼータの零点計算の膨大なデータを保持していて，専門家は必要に応じてそれに頼るのが普通になっています．その計算は，ベル研究所（AT＆T 所属当時の）で行われました．本人からベル研究所の研究テーマとしての理由付けも伺ったことがあります．もちろん，通信に関連して素数・リーマン予想は重要な研究テーマです．

　ちなみに，1996 年 8 月に米国シアトルのワシントン大学で開催された『リーマン予想研究集会』(第一回) に私は招待講演をしましたが，その研究集会は NSA（米国安全保障局）からもサポートを受けていました．リーマン予想や素数の研究が暗号等の観点から多方面において興味をひかれていることの反映です．

## 10.4　研究評価問題

　グラーツというオーストリアの古都があります．1600 年頃にはケプラーが天文学を研究していた都市です．グラーツは要塞都市ですが，ブルーの楕円体から筒状の窓が出ている建築など，ユニークな建築物が多いことでも知られています．その，長期計画である改築方針が明確です．それは，改築ごとにその時点での最先端の建築を設定するというものです．常に最先端の挑戦を続けて行かなければ死んだ都市になる，というスローガンです．これは，方針として見事なものです．

　この方針は，ゼータ研究でも，現代数学研究でも大切な教訓です．研究者の立場からしても評価者の立場からしても，前の研究の後ろを追

って行く研究は日本人の安全志向にはぴったりの研究方針です．しかも，それなりの結果が出て，論文にしても適当な雑誌に出版されることも，研究を評価する査読者もそうなので，そうでしょう．

しかし，それは本来の研究でなく，面白くもないことも事実です．未知の領域に踏み込まないものが研究とは言えません．もちろん，新たな領域での論文は理解されないことが多く，査読者も出版に積極的でないことも常態です．とくに，それは，近くの分野で既得権益を持っている研究者（それは，有名な研究者であることが多い）がジェラシーから不当不正に評価することがしばしばであるという，まことに悲しい現実も伴っています．

私は多重三角関数論を作って，ある問題を解いたことがありました．それは，予期しない鮮やかさと今でも自負しています．ところが，専門誌へ投稿したときの査読報告は「次のようにすれば多重三角関数論を使わずに簡単に証明できる」というものでした．その報告は数ページにわたってオイラー・マクローリンの総和公式を用いた込み入った計算で埋め尽くされていて，一見して，誰が書いたかわかるものでした．そういう計算ができる人は二人といないのです．編集者も，そう著名人に言われれば論文を不受理にするしかないでしょうね．現代数学研究も人間の営みであることからしかたない，とあきらめるわけにはいかない問題です．こんなことでは，現代数学にも先はありません．

研究評価問題は，このように研究後も大問題ですが，研究前も重要です．研究前の場合は研究費申請の段階で研究計画の評価をうけますが，ここで，真っ当な評価がなされることは期待できません．評価者は自分でわかる程度の研究でないと無理なためです．したがって，評価者が理解する程度の，これまでの既製品と同じような研究だけに研究費が付き，これまでと同じ程度の「成果」が出る，という残念な驚くべき仕組みになっています．研究費が給付されたところでは，逆に，研究資金

が有り余っていて使途に困っているということもしばしば聞く話です．自滅の一途です．こんなことなら，若い研究者が生活に困らないようにポストを増やし，一斉に給与を配布すべきです．

## 10.5　植物の長期研究

　植物の長期研究では，数百年にわたることも不思議ではありません．ダーウィンの進化論によれば，長期間にわたって微小な変化が積もり積もって変身していくというものです．これを確かめるためには，長期計画が必要です．しかも，功利主義の立場からは研究続行が困難な主題に見えます．もちろん，あたり前の植物が数百年も生きることは普通ですので，植物の一生のうち人間が調べられるのはごく一部の時期ですが．福島県三春の滝桜は数百年以上世の中を見てきたわけですので，大地震と大津波がどの時期（400年周期や800年周期）に起こっていたかを知っているのでしょう．福島原子力発電所もその基準からはごく最近誕生したものです．きっと，三春の滝桜は人間という動物は将来のことをどうして考えないのか嘆いているでしょう．

　もちろん，地球の気候は変動が激しいということは，長生きの植物たちは良く知っているでしょう．江戸時代だって，今よりひどい気候でした．そのころは，寒冷化がすすみ冷害も多発しました．これから再び寒冷化に向かうとの説も肝要ですが，その声は消されがちです．実際，その方面の研究者に聞くと，地球が温暖化しているとの説に同調し，二酸化炭素削減と言えば研究費も潤沢にくるということですが，反対すれば研究費もこないということです．こんなことでは学問とは呼べません．もちろん，地球温暖化対策というスローガンの下，日本は二酸化炭素削減を理由に原発推進に向かっていたわけで，2011年3月11日の

警告があっても，すべて忘れて，またそうなってきています．

　最近，ダーウィンの疑問の一つが解明されたことを知りました．それは，ダーウィンが集中的に行っていた食虫植物ハエトリソウ（ハエトリグサ）に関する研究です．ダーウィンは『食虫植物』という著書を1875年に出版しています．ハエトリソウは葉にハエなどの昆虫が触れると閉じる仕組みになっていますが，一度触っただけでは閉じずに，二度目に触った時に閉じる．しかも，30秒くらい以内に触った時だけ，という面白い法則があります．その理由が謎として残っていたわけです．

　その問題を，ダーウィンから135年後の2010年になって，東北大学の上田実教授のグループが解明しました．それは，一度触った時に「ジャスモン酸グルコシド」という物質が分泌されるのですが，その量は葉が閉じるまでに充分な量ではなく，二度目に触った時の分泌と合計して閉じるという仕組みでした．しかも，1度目から2度目までの時間が30秒を超えてしまうと，その物質が解消してしまうという巧妙な仕組みです．この1回目ではだめということは，昆虫でない葉などが触れた時には30秒ほど待っても動かないことを確認でき大きなエネルギーを使う開閉運動が無駄にならないようにしているようだ，と推測できるわけです．

　これは，記憶の原型的な仕組みと考えられるようです．ハエトリソウの葉の開閉という基本的問題は，功利主義の立場からは，研究費削除の対象として恰好のテーマなのかも知れませんが，長い目で見ないといけないわけです．

　ダーウィンと同時代のメンデルは何年にもわたってエンドウの交配実験を行い（1853年—1868年），遺伝の数学的法則を発見したわけです．現在なら，研究費がすぐカットされそうに見えます．

## 10.6　日本における数学成果の発表

　研究成果に関しては，論文や著書として発表するのが基本です．現在の日本では，研究成果を毎年報告することになっています．この現状は実態にあいません．特に，数学では，研究に長期間が必要です．植物研究と同様です．タネを蒔いて芽が出てきたら，こまめに引き抜いて成長を見る，ということにあたります．

　実例で述べることにしましょう．私も，一元体 $\mathbb{F}_1$ 上の数学である多重ゼータ関数 (現在では「黒川テンソル積」) を数学哲学を込めてゆっくりと研究していた時期がありました．その後に，数学哲学でなく研究報告をこまめに書いたことがありましたが，数学論文のデータベースである Math Sci Net で見てみると，単年度では，2004 年に 18 個の論文 (ここで対象にしているのは査読付き論文) を出版したのが最高です．前後の年については，2003 年が 12 個，2005 年が 15 個でした．これでも，実験系の学問とは違って，数学では多いほうです．

　ヨーロッパの大聖堂のように建設に数百年を要するような長期計画 (ケルン大聖堂なら 1248 年着工で，途中の中断を挟んで，1880 年完成) も，エジプトのピラミッドのように数千年も堅固に屹立するものもないことは，日本の特徴です．代わりに伊勢神宮のように 20 年単位で建て替えるという風土です．孫子の代まで気にすることもないので，国の 1000 兆円超の借金も見通しのない年金も処理の見通しのない原子力発電所も，営々と続けるのです．ちょっとした反省も，1 年も続きませんでした．原子力発電からの脱却を日本の方針にしたかと思うと，その 1 年後には原子力発電推進，という風土です．

## 10.7　日本の数学の長期計画例

望月新一さん(京都大学数理解析研究所教授)による ABC 予想証明計画 (2000–2012) は，日本では稀な長期計画と言えましょう．この様子についてのやさしい解説は，参考文献の [6] [7] を参照してほしいのですが，2000 年くらいから abc 予想を解決する研究計画を作成し，その後の 10 年余にわたる研究によって解決に至ったと考えられています(証明が完璧に正しいのかどうかは検証途中です)．

望月さんは，これまでのスキーム論では不十分と見て取り，一元体 $\mathbb{F}_1$ 上の幾何学が必要なことから研究を開始しました．その結果，演算二個の環の代わりに，演算一個のモノイド(群を含む)に基盤を置く幾何学を 10 年にわたって独自の数学言語で発展させて 500 ページを超える論文「宇宙際タイヒミューラー理論」に結実させ 2012 年 8 月 30 日にホームページに公表したわけです．そこに現れる論文は基本的にすべて望月さんの単著です．これは，他に類を見ない巨大な仕事です．一方，独自の数学言語を用いているため，他の数学専門家の理解も遠ざけてしまっているため，確認に時間がかかっている，という状況になっています．

## 10.8　長期計画の実行と不正

長期計画と言えば，問題となることはたくさん出てきます．とくに，生活資金を含めて資金継続の問題は重要です．物理学の場合は，特に大型研究計画では，長期にわたって膨大な研究資金が必要になります．それは，数千億円から何兆円にもなる場合もあります．たとえば，素粒子論の実験をする加速器実験では，実際，それ以上の資金と広大な

土地(山手線の内部を含む程の)さえ必要です．

　数学の場合の研究資金とは，研究資料入手代の他には，研究打ち合わせの旅費と滞在費が主なものです．さらに，数学関係では，大学関係の研究施設も充分多くはありませんし会社等の研究施設は極めて少ないために，とにかく生活するための資金を得ることが，重大な問題です．昔なら，和算家が寺子屋で教えて禄を得るとか，どこかの城主に雇われるということでしょう．ヨーロッパならケプラーのように占星術で雇われたりしたのでしょう．現代数学なら占星術は何にあたるのでしょうね．

　理工学系の研究資金状況については次の本を参照してください：

　　今野浩『工学部ヒラノ教授』新潮文庫，2013年7月(参考文献[10])．

　この本では，理工系大学の研究と教育を取り巻く日常が詳細に記述してあります．さらに，年単位の短期研究資金中心の現状が危ぶまれています(220ページ–226ページ)．

　現代世界は科学研究においても競争が激しくなり，それとともに，不正も増加しています．2013年に表面化したものだけでも十指に余ります．たとえば，7月25日のマスコミ記事には，次の二つが報告されていました．

(1) 東大教授を詐欺容疑で逮捕

　東京大学の55歳の教授が，みずからの研究事業に関連して架空の業務発注をする手口で2010年から翌年にかけて東京大学や岡山大学から研究費，合わせて2100万円余りをだまし取ったとして，東京地検特捜部はこの教授を詐欺の疑いで逮捕した．逮捕されたのは，東京大学政策ビジョン研究センターの教授，秋山昌範容疑者(55)で，特捜部は，

だまし取ったとされる資金の流れなどを詳しく調べている．

(2) 東大元教授論文に不正

　東京大学の元教授のグループが発表したホルモンの働きに関する論文など，多くの論文に不正が見つかり，大学の調査委員会が，このうち 43 本について撤回するよう元教授に求めていることが分かった．不正を指摘されたのは，東京大学分子細胞生物学研究所の加藤茂明元教授のグループ．大学の調査委員会では，学外からの指摘を受けて加藤元教授のグループが発表した骨が出来る仕組みやホルモンの働きについての論文合わせて 165 本を調査．その結果，少なくとも 28 本で実験結果の画像を加工して複数の実験を行ったように見せかける改竄などが見つかったほか，別の 15 本の論文でも改竄などの疑いがあることが判明した．大学の調査委員会はこれら 43 本の論文を撤回するよう求めていて，加藤元教授は「調査委員会の判断を受け入れます．画像の扱いなどは研究所のスタッフに任せていた．不正を見抜けなかったのは，私の責任です」と話している．加藤元教授は日本を代表する分子生物学者の一人で，文部科学省などの国の機関からおよそ 30 億円の研究費を受け取っていた．

　同じく，2013 年 7 月には，製薬会社ノバルティスファーマの高血圧治療薬ディオバン（一般名　バルサルタン）の「脳卒中・心不全」の薬効を偽った複数の論文も判明しました．年間 1000 億円（これまで総計 400 万人に使われ，総額 1 兆円超）の売り上げを得ている薬とのことで，驚きです．しかも，その薬効の試験報告書は一流医学雑誌『ランセット』に掲載されて，宣伝に使われていました．その報告書は東京慈恵医大や京都府立医大などの大学関係の研究者（望月正武東京慈恵医大教授など）が中心になって作成していたわけですが，製薬会社の社員が加わっていて偽りのデータ処理をしている，というでたらめさ加減で

す．もちろん，教授たちは目をつぶる代わりに製薬会社から巨額の研究費を貰っているわけです．こんな捏造論文だったら，何でもできてしまうでしょうし，無駄に薬を処方されている身となっては，堪ったものではありません．もちろん，そんな薬効を信じること自体が，もともと馬鹿げたことなのだと，思うしかないのかも知れません．ちなみに，『ランセット』掲載の論文は取り消されるということですが，1兆円を超えて売られ飲まれてしまった薬の「取り消し」はどうなることでしょう．日本の臨床医療の信頼は失墜してしまったようです．

## 10.9 反重力の夢

　研究計画には夢も必要です．例としてSFでお馴染みの「反重力の夢」を取り上げます．絶対温度には負の状況は起こりえないはずでしたが，最近になって，負の状態物質ができることや，そのときに反重力状態になり，重力の引力の代わりに反発力が生まれることなど，不思議な可能性が議論され始め，理論面と実験面から研究が進んでいます．現在の宇宙を支配する黒エネルギー（ダークエネルギー）の反発力によって，宇宙は膨張していることになっていますが，その力の候補にもなりそうです．

　黒エネルギー（ダークエネルギー）と黒物質（ダークマター）は最近，宇宙論の定番になってきました．実際，黒エネルギーが70パーセント，黒物質が25パーセントと言われていますので，通常のエネルギーや物質は高々5パーセントのようです．これは，ゼータでいうと何を指しているのでしょうか．たとえば，黒ゼータ（ダークゼータ）とは何なのでしょうか．ゼータ宇宙も未知のゼータが大部分なのでしょう．

## 10.10　今後 50 年という期間

　長期計画の一環として，今後 50 年という期間を考えてみましょう．

　50 年ということで，思い出すのは，ジョン・F・ケネディ米国大統領が 1963 年 11 月 22 日にダラスで射殺されたことです．ちょうど 50 年たった 2013 年 11 月 15 日に，娘のキャロライン・ケネディさん (55 歳) が駐日大使になって日本に赴任されました．彼女を歌って親しまれた「スィート・キャロライン」の曲でも有名です．半世紀というめぐりあわせは不思議なことです．

　さて，一般人向けの数学雑誌がある国は，そもそも珍しいのですが，日本は複数存在することで一層ユニークです．数学好きな国民性と和算以来の伝統でしょう．草分けの『数学セミナー』は，2012 年 5 月号で創刊 50 周年を迎え，その特集は，「今後 50 年に向けての問題」となっていました．いろいろな問題が寄せられましたが，私も「素数の問題：一歩先へ」という記事を書きました．今後 50 年にふさわしいと思われる「深リーマン予想」の研究です．詳しくは，単行本『リーマン予想の探求：ABC から Z まで』(参考文献 [4]) と『リーマン予想の先へ』(参考文献 [5]) を参照してください．数学には，少なくとも 50 年の眺望は必要でしょう．

### 参考文献

[1] 黒川信重『現代三角関数論』岩波書店, 2013 年 11 月
[2] 黒川信重『リーマン予想を解こう』技術評論社, 2014 年.
[3] 黒川信重『リーマン予想の 150 年』岩波書店, 2009 年
[4] 黒川信重『リーマン予想の探求：ABC から Z まで』技術評論社, 2012 年
[5] 黒川信重『リーマン予想の先へ』東京図書, 2013 年 4 月
[6] 黒川信重・小島寛之『21 世紀の新しい数学：絶対数学，リーマン予想，そしてこれからの数学』技術評論社, 2013 年 7 月

[7] 黒川信重・小山信也『ＡＢＣ予想入門』ＰＨＰ新書, 2013 年 4 月
[8] 黒川信重「素数の問題：一歩先へ」『数学セミナー』 2012 年 5 月号 (創刊 50 周年記念号), 30 − 33 ページ
[9] ジョン・ガートナー (土方奈美 訳)『世界の技術を支配するベル研究所の興亡』文芸春秋社, 2013 年 6 月
[10] 今野浩『工学部ヒラノ教授』新潮文庫, 2013 年 7 月

# 第11章 ゼータと誘導表現

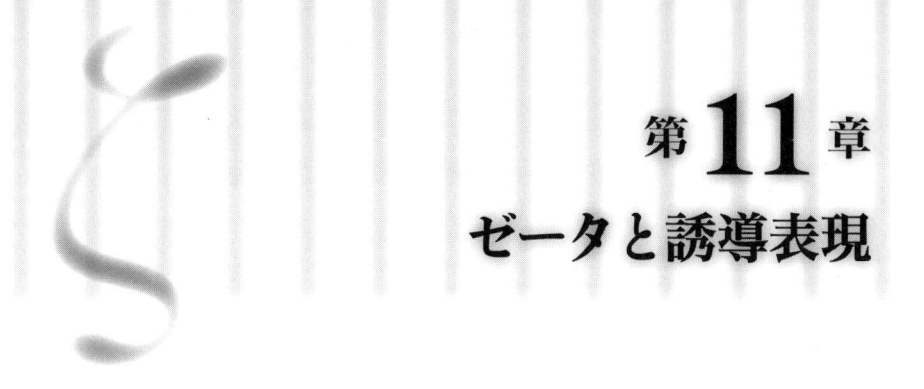

　現代数学で基本となる考え方に「誘導表現」があります．耳慣れない読者が多いかと思いますが，それは，現代数学者の広報活動の怠慢のせいです．ゼータの専門家に「誘導表現を使わないでゼータの研究をして」と要求すればお手上げになります．誘導表現とは，小さな群の表現から大きな群の表現を構成する手法です．たとえば，保型形式とは誘導表現の表現空間の元そのもので，保型表現とは誘導表現なのですが，そのことは，残念ながら日本の"専門家"は自覚が足りない状態です．きっと，具体的な話だけ見て来たからでしょう．

　ゼータの話にすると，誘導表現とは上部構造のゼータを下部構造のゼータによって表す方法となります．最終的には，すべてのゼータを最も底部のゼータ——絶対ゼータ・数力——に帰着して研究する，という考え方です．

　若い人に，数学で何をマスターしたら良いか，と聞かれれば，まずは誘導表現を，と答えます．

## 11.1 誘導表現のありがたさ

　誘導表現と保型形式との関係などは後にまわすとして，ここではゼータ関連の活躍を簡単に書いておきます．

## (A) セルバーグ跡公式とセルバーグゼータ

　セルバーグ跡公式は，フーリエ級数論に表れるポアソン和公式の一般化ですが，その核心は誘導表現を既約表現に分解するところにあります．ポアソン和公式では，普通は誘導表現という言葉を使っていませんが，誘導表現の話なのです．

　セルバーグゼータはセルバーグ跡公式をゼータ版にしたものですので，これも誘導表現の応用です．その結果，リーマン予想の対応物まで証明されています．

　セルバーグ跡公式は，ゼータの一致・比較にも使われます．たとえば，フェルマー予想の証明にも使われています．

## (B) ゼータの解析接続

　ゼータの解析接続には，普通は積分表示を用いることが多いのですが，それが使えないときには誘導表現によって，積分表示のできるゼータに帰着させるという方法を検討します．

　この方法がうまく適用できる代表的な場合として，アルチン $L$ 関数の解析接続（ブラウアー，1947 年）と対称積 $L$ 関数の解析接続（テイラーたち，2011 年）があります．ブラウアーによって，アルチン $L$ 関数はいつでも有理型関数になることが証明され，チェボタレフ型の素数定理（素イデアル定理）も一般的に成り立つことがわかりました．また，テイラーたちによって，保型形式（および楕円曲線）から構成される対称積 $L$ 関数がいつでも有理型関数になることが証明され，佐藤テイト予想——対応する素数定理——が成立することがわかりました．

## 11.2 誘導表現とは

群の組 $(G, \Gamma)$ を考えます.ただし,$\Gamma$ は $G$ の部分群とします.いま,$\Gamma$ の表現
$$r: \Gamma \longrightarrow GL(V)$$
が与えられたとすると,誘導表現 (induced representation)
$$R = \mathrm{Ind}_\Gamma^G(r): G \longrightarrow GL(W)$$
が構成されます.これはフロベニウスが 1898 年に考え出しました.

ここで,$V$ は (複素) ベクトル空間,$W$ は
$$W = \left\{ f: G \longrightarrow V \;\middle|\; \begin{array}{l} f(\gamma x) = r(\gamma) f(x) \text{ がすべての} \\ \gamma \in \Gamma \text{ と } x \in G \text{ に対して成立} \end{array} \right\}$$
という (複素) ベクトル空間です.たとえば,$V = \mathbb{C}^n$ なら
$$r: \Gamma \longrightarrow GL(n, \mathbb{C}),$$
$$R = \mathrm{Ind}_\Gamma^G(r): G \longrightarrow GL(W),$$
$$W = \left\{ f: G \longrightarrow V \;\middle|\; \begin{array}{l} f(\gamma x) = r(\gamma) f(x) \text{ がすべての} \\ \gamma \in \Gamma \text{ と } x \in G \text{ に対して成立} \end{array} \right\}$$
となります.とくに,最も簡単な自明表現
$$r = \mathbb{1}: \Gamma \longrightarrow GL(1, \mathbb{C}) = \mathbb{C}^\times$$
のときには
$$R = \mathrm{Ind}_\Gamma^G(\mathbb{1}): G \longrightarrow GL(W),$$
$$W = \left\{ f: G \longrightarrow \mathbb{C} \;\middle|\; \begin{array}{l} f(\gamma x) = f(x) \text{ がすべての} \\ \gamma \in \Gamma \text{ と } x \in G \text{ に対して成立} \end{array} \right\}$$
$$\cong \{ f: \Gamma \backslash G \longrightarrow \mathbb{C} \}$$
となっていて,$R = \mathrm{Ind}_\Gamma^G(\mathbb{1})$ は置換表現と呼ばれます.さらに,$\Gamma = \{1\}$ のときには,$R = \mathrm{Ind}_{\{1\}}^G(\mathbb{1})$ を $G$ の正則表現と呼び,$\mathrm{Reg}_G$ と書

きます．

さて，表現
$$r: \varGamma \longrightarrow GL(V)$$
から作られた誘導表現
$$R = \mathrm{Ind}_\varGamma^G(r) : G \longrightarrow GL(W)$$
が本当に群 $G$ の表現になっていることを確認しておきましょう．これは重要な点ですのでゆっくり話します．

なお，専門家は
$$W = \mathrm{Ind}_\varGamma^G(V)$$
と書いて，$W$ を誘導表現と呼ぶことも多いのですが，それは，群の表現と表現空間とを同一視しているためです．簡単のため，いま
$$R : G \longrightarrow GL(W)$$
$$\cup \qquad \cup$$
$$g \longmapsto R_g$$
と表すことにします．ここで，$R$ という文字を使っているのは表現 (representation) の意味もありますが，右 (right) 作用を覚えているためもあります．つまり，$f \in W$ に対して
$$(R_g f)(x) = f(xg)$$
と定義します．ここで，$x \in G$ には右から $g \in G$ を作用させていることが重要です．

---

**定理 11.1**

$$R : G \longrightarrow GL(W)$$
は表現 (群の準同型写像) になる．

---

**証明** 2段にわけます：

(1) $R_g f \in W$. (2) $R_{g_1 g_2}(f) = R_{g_1}(R_{g_2}(f))$.

## (1) の証

$\gamma \in \Gamma$, $x \in G$ に対して
$$(R_g f)(\gamma x) = r(\gamma)(R_g f)(x)$$
を示せばよい．ここで，
$$左辺 = f((\gamma x)g) = f(\gamma(xg))$$
となり，$f \in W$ より
$$f(\gamma(xg)) = r(\gamma)f(xg)$$
が成立するため
$$左辺 = r(\gamma)f(xg)$$
となります．一方，
$$(R_g f)(x) = f(xg)$$
ですので
$$右辺 = r(\gamma)f(xg)$$
です．よって
$$左辺 = 右辺$$
がわかりました．

## (2) の証

$$(R_{g_1 g_2}(f))(x) = R_{g_1}(R_{g_2}(f))(x)$$
を示せばよい．まず，
$$左辺 = (R_{g_1 g_2}(f))(x)$$
$$= f(x(g_1 g_2))$$
$$= f(x g_1 g_2)$$
です．一方，
$$右辺 = R_{g_1}(R_{g_2}(f))(x)$$
において，
$$F = R_{g_2}(f)$$

と書いておくと
$$右辺 = (R_{g_1}F)(x) = F(xg_1)$$
ですが，
$$F(x) = (R_{g_2}f)(x)$$
$$= f(xg_2)$$
ですので
$$F(xg_1) = f((xg_1)g_2)$$
$$= f(xg_1g_2)$$
です．したがって，
$$右辺 = f(xg_1g_2)$$
となります．よって
$$左辺 = 右辺$$
がわかりました． **証明終**

このようにして，
$$R : G \longrightarrow GL(W)$$
が群 $G$ の表現となることがわかりました．

## 11.3 保型形式

はじめのところで，保型形式は誘導表現である，と書きました．これはその通りなのですが，専門家でも理解していない人が少なくないのが現状です．それは，現代数学の教育の欠陥です．50年後には改善されていることを期待し，行動しましょう．

通常，保型形式は上半平面
$$H = \{z \in \mathbb{C} \mid \mathrm{Im}(z) > 0\}$$

上の関数でモジュラー群 $\Gamma = SL(2, \mathbb{Z})$ で「不変」なもの，という扱いです．これは，群
$$G = SL(2, \mathbb{R})$$
上の関数で $\Gamma$ について「不変」なもの，となります．と言いますのは
$$H = G/SO(2)$$
という捉え方ができるためです．詳しくは

黒川信重・栗原将人・斎藤毅『数論II』
岩波書店（英訳と中国語訳あり）

の第9章と第11章を読んでください．

さらに，一般化すると「乗法系」(multiplier) の付いた一般保型形式が考えられます．それは
$$G \supset \Gamma$$
という群の組（通常は $G$ はリー群，$\Gamma$ はその離散部分群）と有限次元表現
$$r : \Gamma \longrightarrow GL(n, \mathbb{C})$$
に対して
$$A(\Gamma, G, r) = \left\{ f : G \longrightarrow \mathbb{C}^n \;\middle|\; \begin{array}{l} f(\gamma x) = r(\gamma)f(x) \text{ がすべての} \\ \gamma \in \Gamma \text{ と } x \in G \text{ に対して成立} \end{array} \right\}$$
というベクトル空間の元を一般保型形式と呼ぶのです．

もちろん，これは誘導表現（表現空間と同一視すると）
$$A(\Gamma, G, r) = \mathrm{Ind}_\Gamma^G(r) = \mathrm{Ind}_\Gamma^G(\mathbb{C}^n)$$
に他なりません．残念ながら，そう注意していることは，ほとんどありません．さらに，普通は $r = \mathbb{1}$ としているために，誘導表現という意識が一層薄れてしまいがちです．「誘導表現」「誘導表現」「誘導表現」と折

に触れて心で三度唱えてみてください．数学が良く見えるようになります．

## 11.4 誘導表現の使い方

誘導表現の用い方を，ゼータの話で説明します．典型的な場合は，図のように

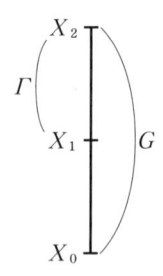

$$\Gamma \begin{pmatrix} X_2 \\ | \\ X_1 \\ | \\ X_0 \end{pmatrix} G$$

数論的な対象 $X_0, X_1, X_2$ があって，拡大（被覆）$X_2/X_1$ のガロア群（基本群）$\Gamma$，拡大 $X_2/X_0$ のガロア群 $G$ が与えられているときです．$\Gamma$ の有限次元表現

$$r : \Gamma \longrightarrow GL(n, \mathbb{C})$$

に対しては，通常，オイラー積によるゼータ

$$\zeta_{X_1}(s, r) = \prod_{P \in \mathrm{Prim}(X_1)} \det(1 - r(\mathrm{Frob}_P)N(P)^{-s})^{-1}$$

が決まっています．

ここで，$\mathrm{Prim}(X_1)$ は $X_1$ の "素元"（素数，素イデアル，極大イデアル，スキームの閉点，リーマン多様体の素閉測地線，基本群の素共役類，…）全体を表し，$\mathrm{Frob}_P$ は $\Gamma$ のある共役類（$P$ におけるフロベニウス共役類），$N(P)$ は $P$ のノルム（大きさ）です．

このとき，誘導表現

第 11 章　ゼータと誘導表現

$$R = \mathrm{Ind}_T^G(r) : G \longrightarrow GL(W)$$

を作ると

> **関手性**（functoriality）
> $$\zeta_{X_1}(s, r) = \zeta_{X_0}(s, R)$$

が成立しているのが普通です．

たとえば，ブラウアーの定理（1947 年；§11.7 参照）の場合には，$X_0$ を代数体（あるいは，その整数環に付随するスキーム）として，その充分大きい拡大（被覆）$X_1$ と 1 次元表現 $r$ をいろいろと取ることによってできる $\zeta_{X_0}(s, R)$ の積と商によって求めるゼータを得る，という方針になっています．代数体のときは，下図のように

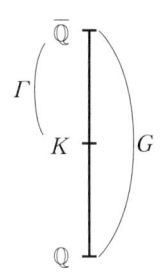

有理数体 $\mathbb{Q}$ とその代数閉包 $\overline{\mathbb{Q}}$ を固定し，代数体 $K$ をいろいろと動かすという絵が具体的でわかりやすいでしょう：

$$\zeta_K(s, r) = \zeta_{\mathbb{Q}}(s, \mathrm{Ind}_T^G(r)).$$

代数体のときに，この方針がうまく行く理由は，$r$ が 1 次元表現のときには類体論により，ゼータ $\zeta_K(s, r)$ が，$GL(1)$ の保型表現（ヘッケの量指標）のゼータに一致するために積分表示（ヘッケ・岩沢・テイト）による解析接続が与えられているからです．

テイラーたちによる佐藤テイト予想の証明 (2011年) でも，上部構造をいろいろと動かして誘導表現をたくさん作り，求めるゼータに接近するという方法が奏功しました．

## 11.5 絶対ゼータの位置

絶対ゼータ・数力とは1元体 $\mathbb{F}_1$ 上のゼータのことです．スキームとしては $\mathrm{Spec}(\mathbb{F}_1)$ 上のゼータです．絶対ゼータを，通常のゼータの研究に用いる基本は，$X_0 = \mathrm{Spec}(\mathbb{F}_1)$ として，先に挙げた構図を使うことです：

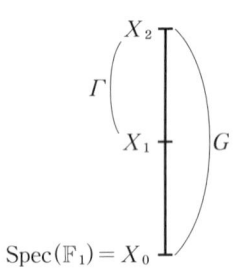

$$\Gamma \begin{pmatrix} X_2 \\ X_1 \\ \mathrm{Spec}(\mathbb{F}_1) = X_0 \end{pmatrix} G$$

こうすると，任意の $X_1$ のゼータが

$$\zeta_{X_1}(s, r) = \zeta_{\mathrm{Spec}(\mathbb{F}_1)}(s, \mathrm{Ind}_\Gamma^G(r))$$

となって，絶対ゼータ・数力に帰着する段取りになります．このようなときにでてくるのは「絶対誘導表現」(absolute induced representation) ですが，短縮して「絶対導」(absolute induction) と呼ぶのが唱えやすくて良いでしょう．

## 11.6 誘導表現の分解

誘導表現を使う場合に重要なことは，既約表現への分解です．群の組 $G \supset \Gamma$ と $\Gamma$ の表現

$$r : \Gamma \longrightarrow GL(V)$$

が与えられたときに，誘導表現

$$R = \mathrm{Ind}_\Gamma^G(r) : G \longrightarrow GL(W)$$

が決まりました．この $R$ は $G$ の既約表現の直和に分解することが普通です（時には，直和でなく「直積分」などに分解することもありますが）：

$$R = \bigoplus_{\pi \in \hat{G}} m(\pi) \pi.$$

ここで，$\hat{G}$ は $G$ の既約表現全体です．

セルバーグ跡公式とは，この分解に付随して積分作用素の跡（トレース）を 2 通りに計算することによって得られる

$$\sum_{[\gamma] \in \mathrm{Conj}(\Gamma)} M([\gamma]) = \sum_{\pi \in \hat{G}} m(\pi) W(\pi)$$

型の等式を言います．ここで，左辺は，$\Gamma$ の共役類全体 $\mathrm{Conj}(\Gamma)$ 上の和です．その和が，$G$ の既約表現全体 $\hat{G}$ 上の和という右辺と等しい，という公式です．話は当たり前そうに見えますが，驚くほど豊富な内容とたくさんの例を含んでいます．ポアソン和公式（$n$ 変数版）は

$$G = \mathbb{R}^n \supset \mathbb{Z}^n = \Gamma$$

という場合です（普通は $r = \mathbb{1}$ にしています）．

さて，既約分解

$$R = \bigoplus_{\pi \in \hat{G}} m(\pi) \pi$$

を§11.4や§11.5の状況で用いると，どうなるでしょうか？　その結果は

$$\zeta_{X_1}(s, r) = \zeta_{X_0}\Big(s, \bigoplus_{\pi \in \hat{G}} m(\pi)\pi\Big)$$
$$= \prod_{\pi \in \hat{G}} \zeta_{X_0}(s, \pi)^{m(\pi)}$$

という，$X_0$の「既約ゼータ」への分解です（積は適宜正規化することにします）．このようにして，すべてのゼータは$X_0$の「既約ゼータ」に帰着されるということになります．解析接続・関数等式・リーマン予想も，そのように，帰着されるわけです．とくに，$X_0 = \mathrm{Spec}(\mathbb{F}_1)$とすると，すべてが「既約絶対ゼータ・数力」に帰着することになります．

## 11.7　誘導表現のゼータに関する歴史的論文

誘導表現のゼータに関しては，歴史が正しく理解されていないことが多いために問題が起ります．重要な論文を記して簡単に説明します．

**フロベニウス**　(Ferdinand Georg Frobenius, 1849–1917)

［F1］"Über Beziehungen zwischen den Primidealen eines algebraischen Körpers und den Substitutionen seiner Gruppe" Sitzungsberichte der Königlich Preußischen Akademie der Wissenschaften zu Berlin (1896) 689–703.

［F2］"Über Gruppencharaktere" 同上誌 (1896) 985–1021.

［F3］"Über die Darstellung der endlichen Gruppen durch lineare Substitutionen" 同上誌 (1897) 944–1015.

［F4］"Über Relationen zwischen den Charakteren einer Gruppe und denen ihrer Untergruppen" 同上誌 (1898) 501–515.

［F5］"Über die Composition der Charaktere einer Gruppe" 同上誌 (1899) 330-339.

［F6］"Über die Darstellung der endlichen Gruppen durch lineare Substitutionen II" 同上誌 (1899) 482-500.

- ［F1］は代数体のガロア拡大 $L/K$ と $K$ の素イデアル $P$ に対してフロベニウス元 $\mathrm{Frob}_P \in \mathrm{Gal}(L/K)$ を定めています．
- ［F2］は有限群の指標（通常の言葉では表現の跡）を一般的に研究した史上初の論文です．指標の直交性などが証明されています．
- ［F3］と［F6］（［F3］のパート II）は有限群の（行列）表現を扱っています．「表現論」の最初の論文です．通常は，指標（表現の跡）の話はその後に出てくるのですが，フロベニウスの論文の順番では指標が先でした．
- ［F4］は，本章の話で最も重要となっている誘導表現を構成した記念碑論文です．
- ［F5］は表現のテンソル積（指標の積）を研究しています．クロネッカー積と言っても良いです．なお，フロベニウスはクロネッカーの弟子です．

**アルチン**（Emil Artin, 1898-1962）

［Art 1］"Über die Zetafunktionen gewisser algebraischer Zahlkörper" Math.Ann. 89 (1923) 147-156.

［Art 2］"Über eine neue Art von $L$-Reihen" Hamb.Abh. 3 (1923) 89-108.

［Art 3］"Zur Theorie der $L$-Reihen mit allgemeinen Gruppencharakteren" Hamb.Abh. 8 (1930) 292-306.

- ［Art 2］は代数体のガロア拡大 $L/K$ とガロア群 $\varGamma = \mathrm{Gal}(L/K)$ の表現 $r : \varGamma \longrightarrow GL(n, \mathbb{C})$ に対してゼータ（アルチン $L$ 関数）

$$\zeta_K(s, r) = \prod_{P \in \mathrm{Prim}(K)} \det(1 - r(\mathrm{Frob}_P)N(P)^{-s})^{-1}$$

を構成しました．さらに，代数体のガロア拡大 $L/F$ と中間体 $K$ に対してアルチン $L$ 関数の関手性

$$\zeta_K(s, r) = \zeta_F(s, \mathrm{Ind}_\Gamma^G(r))$$

を証明しています．ここで，$r$ は $\Gamma = \mathrm{Gal}(L/K)$ の表現で，$G = \mathrm{Gal}(L/F)$ です．

アルチンは『$\zeta_K(s, r)$ は有理型関数であろう．さらに，$r$ が自明表現 $\mathbb{1}$ を含まないときには正則関数であろう』と予想しました（有名なアルチン予想）．

- [Art 3] は [Art 2] の続きで，関数等式に必要なガンマ因子を定義しています．
- [Art 1] は『代数体の有限次拡大（ガロア拡大とは限らない）$K/F$ に対してゼータ関数の商

$$\frac{\zeta_K(s)}{\zeta_F(s)}$$

が正則関数になるだろう』と予想（これも，アルチン予想）を立て，簡単な場合に確認しています．とくに，$K/F$ がアーベル拡大のときには

$$\frac{\zeta_K(s)}{\zeta_F(s)} = \prod_{\chi \in \widehat{\mathrm{Gal}(K/F)} - \{\mathbb{1}\}} \zeta_F(s, \chi)$$

となって，類体論により，正則関数であることがわかります．一般の有限次拡大 $K/F$ に対しては [Art 2] より

$$\frac{\zeta_K(s)}{\zeta_F(s)} = \zeta_F(s, \rho)$$

という形に書けますので，『$\zeta_F(s, \rho)$ は正則である』とのアルチン予想（今の場合，$\rho$ は $\mathbb{1}$ を含まないことはわかる）に行き着きます．

アルチンの論文を見ると，材料はすべてフロベニウスが準備して

いたことに驚かされます．とくに，[Art 2]用のフロベニウス元の論文[F1]，表現論[F2][F3][F6]，誘導表現[F4]が有効に使われています．

### 荒又秀夫 (Hideo Aramata, 1905–1947)

[Ara1] "Ueber die Teilbarkeit der Zetafunktionen gewisser algebraischer Zahlkörper" Proc.Imp.Acad. 7 (1931) 334–336.

[Ara2] "Über die Teilbarkeit der Dedekindschen Zetafunktionen" Proc.Imp Acad. 9 (1933) 31–34.

[Ara3] "Über die Eindeutigkeit der Artinschen $L$-Funktionen" Proc.Imp. Acad. 15 (1939) 124–126.

- [Ara2]は，大定理『代数体のガロア拡大$K/F$に対して$\zeta_K(s)/\zeta_F(s)$は正則関数である』を証明しています．[Ara1]は，その結果のうち，$\mathrm{Gal}(K/F)$が簡単な場合を扱っていました．
- [Ara3]は，『$\zeta_K(s, r)$は有理型関数』を一部証明しています．

### ブラウアー (Richard Brauer, 1901–1977)

[B1] "On the zeta-functions of algebraic number fields" Amer. J.Math. 69 (1947) 243–250.

[B2] "On Artin's $L$-series with general group characters" Ann. of Math. (2) 48 (1947) 502–514. ブラウアーはアルチンの弟子です．

- [B1]は荒又の論文[Ara2]と同じ定理を証明しています．論文を投稿してから[Ara2]で既に証明されていることをある人(H.W.Brinkmann)から教えられた，と記してあります．ただし，証明はいくぶん簡単になっているはずなので出版する意味はあるだろう，としています．

- [B2] は，アルチン $L$ 関数 $\zeta_K(s, r)$ がいつでも有理型関数であることを証明しています．ここで，誘導表現に関する有名な「ブラウアーの定理」([B2] p.503 に，その定理の形はアルチンから教わったと書いてあります) を用意して使っています．

ブラウアーの論文を読むと，ブラウアーの結果の見事さもさりながら，逆に，15年程前の東京で書かれた荒又秀夫 (所属は第一高等学校) の論文が時代を超えていたことに気付かされます．

なお，欧米の数学者は日本の数学者の仕事に注意を払っていないという横柄な風習は，現代数学でも残っていますので注意してください．

アルチンの立てた予想の現状は次の通りです．

(1)『アルチン $L$ 関数 $\zeta_K(s, r)$ は $r$ が自明表現を含まないときは正則関数』という予想は，いくつかの目覚ましい進展 (ラングランズ，タンネル，アーサー，クロツェル，カーレ，ヴィンテンベルジェ) があったものの，現在も一般には未証明です．

(2)『代数体の有限次拡大 $K/F$ に対して
$\zeta_K(s)/\zeta_F(s)$ は正則関数』という予想は，荒又 [Ara2] の証明した「$K/F$ がガロア拡大」の場合 (ブラウアー [B1] が再証明) の条件「ガロア拡大」をはずすことは現在でも出来ていません．ただし，(1) が証明されれば (2) も解決します．

## 11.8 誘導表現と有限群の既約表現

誘導表現の応用として有名なものに，有限群 $G$ の既約表現が正則表現 $\mathrm{Reg}_G = \mathrm{Ind}_{\{1\}}^G(\mathbb{1})$ の既約分解にすべて現れることがあります：

$$\mathrm{Reg}_G = \bigoplus_{\pi \in \hat{G}} \deg(\pi)\pi.$$

とくに，表現の次数 (指標の単位元における値) を比較して

$$|G| = \sum_{\pi \in \hat{G}} \deg(\pi)^2$$

を得ます．

次の問題は，$G$ が $n$ 次巡回群という簡単な場合です．

**問題** 素数 $p$ に対して $\mathbb{F}_p$ を $p$ 元体，$\mathbb{F}_q$ を $\mathbb{F}_p$ の $n$ 次拡大体とします ($q = p^n$)．ガロア群を $G = \mathrm{Gal}(\mathbb{F}_q/\mathbb{F}_p)$ とします．$G$ は $p$ 乗フロベニウス写像 $\mathrm{Frob}_p : \mathbb{F}_q \to \mathbb{F}_q$ で生成される $n$ 次の巡回群です．ゼータ関数を

$$\zeta_{\mathbb{F}_q}(s) = (1-q^{-s})^{-1},$$

$L$ 関数を $\chi \in \hat{G}$ ($\chi : G \to \mathbb{C}^\times$) に対して

$$\zeta_{\mathbb{F}_p}(s, \chi) = (1 - \chi(\mathrm{Frob}_p)p^{-s})^{-1}$$

と決めます．このとき，次の等式を証明してください：

$$\zeta_{\mathbb{F}_q}(s) = \prod_{\chi \in \hat{G}} \zeta_{\mathbb{F}_p}(s, \chi).$$

**解答** $\alpha = \chi(\mathrm{Frob}_p)$ は $1$ の $n$ 乗根を動きますので

$$\prod_{\chi \in \hat{G}} \zeta_{\mathbb{F}_p}(s, \chi) = \prod_{\alpha^n = 1} (1 - \alpha p^{-s})^{-1}$$

$$= (1 - q^{-s})^{-1}$$

$$= \zeta_{\mathbb{F}_q}(s).$$

なお，$\mathrm{Reg}_G = \bigoplus_{\chi \in \hat{G}} \chi$ より次が成立しています：

$$\zeta_{\mathbb{F}_q}(s) = \zeta_{\mathbb{F}_p}(s, \mathrm{Reg}_G).$$

**解答終**

# 第12章 ゼータの真の名前

　本章では,「ゼータ」の真の名前について考えてみたいと思います．真の名前を知らないならば,「ゼータ」も本当に知ったことにはならないでしょう．現代数学の至る所に現れる「ゼータ」の反省です．

## 12.1　リーマンゼータの名称問題

　数論の基本となるゼータ

$$\zeta(s) = \sum_{n=1}^{\infty} n^{-s}$$
$$= \prod_{p:素数} (1-p^{-s})^{-1}$$

が,リーマンゼータと呼ばれるようになったのは,1859年のリーマンの論文

　　B.Riemann "Ueber die Anzahl der Primzahlen unter gegebener Grösse"

において,リーマンが $\zeta(s)$ と名付け,解析接続を与え（2通りの方法）,関数等式を証明したことに由来しています．リーマンは,その論文でリーマンの素数公式

$$\pi(x) = \sum_{m=1}^{\infty} \frac{\mu(m)}{m} \left( Li(x^{\frac{1}{m}}) - \sum_{\rho} Li(x^{\frac{\rho}{m}}) \right.$$
$$\left. + \int_{x^{\frac{1}{m}}}^{\infty} \frac{du}{u(u^2-1)\log u} - \log 2 \right)$$

を証明し ($\rho$ は $\zeta(s)$ の虚の零点を動く), リーマン予想 ($\rho$ の実部は $1/2$) を提出して, その後の数学を決定付けたのでした.

たしかに, リーマンゼータと呼ぶ理由は充分にあることは間違いありませんが, $\zeta(s)$ の研究の歴史からすると, 百年以前のオイラーが1735年に

$$\zeta(2) = \frac{\pi^2}{6},\ \zeta(4) = \frac{\pi^4}{90},\ \zeta(6) = \frac{\pi^6}{945},\ \cdots$$

を証明し, 1737年にオイラー積表示を発見し, 1748年には

$$\zeta(0) = -\frac{1}{2},\ \zeta(-1) = -\frac{1}{12},\ \zeta(-2) = 0,$$

$$\zeta(-3) = \frac{1}{120},\ \zeta(-4) = 0,\ \cdots$$

を示して, 関数等式も発見していました. きちんとした解析接続はせず,「$\zeta(s)$」などの名付けもしないで毎回, 無限和や無限積によって書いていたのですが, $\zeta(s)$ を「オイラーゼータ」と呼んでも悪くはないでしょう (何故「ゼータ」か, ということは後で考えるとして).

ただし, ここで問題にしたいことは, そういう歴史的経緯から見た名付けとは別に, ゼータの「絶対的名前」のことです. 言い換えれば「ゼータは**何の**ゼータなのか?」ということです. つまり,

$$\zeta(s) = \zeta_M(s)$$

としたら,「$M$ のゼータ」という名前ですべてがわかるような $M$ のことです.

最低限の要求として,「$M$ で $\zeta(s)$ が定義できる」ことが必要です. そのような $M$ の例としては

(1) 整数群 (無限巡回群) $M = (\mathbb{Z},\ +)$,

(2) 整数環 $M = (\mathbb{Z},\ +,\ \times)$,

(3) スキーム $M = \mathrm{Spec}(\mathbb{Z})$

などがあります. このうち, (1) は群のゼータ, (2) は環のゼータ, (3) は

スキームのゼータとして一般化できて，そのどれもが $\zeta(s)$ を導き出す（ほとんど最も基本的な場合として）ということになっているのは，本書で見てきた通りです．

ところで，この (1)〜(3) の $M$ は $\zeta(s)$ を与えはしますが，解析接続・関数等式・リーマン予想がすべて $M$ で説明できるかと言うと，今までのところできませんし，無理でしょう．

関数等式はリーマンが 1859 年の論文で

$$\hat{\zeta}(s) = \pi^{-\frac{s}{2}} \Gamma\left(\frac{s}{2}\right) \zeta(s)$$

$$= \prod_{p:\text{素数},\infty} \zeta_p(s),$$

$$\zeta_p(s) = \begin{cases} (1-p^{-s})^{-1} & \cdots\cdots\ p \text{ は素数} \\ \pi^{-\frac{s}{2}} \Gamma\left(\frac{s}{2}\right) & \cdots\cdots\ p = \infty \end{cases}$$

という完備ゼータに対する完全に対称な関数等式

$$\hat{\zeta}(1-s) = \hat{\zeta}(s)$$

にして証明しました．これは，オイラーが 1748 年に発見した関数等式

$$\zeta(1-s) = \zeta(s) 2 (2\pi)^{-s} \Gamma(s) \cos\left(\frac{\pi s}{2}\right)$$

と同値ですが，対称性がより完全なものになっています．

このときのリーマンの証明法は，$\mathrm{Re}(s)>1$ に対する積分表示

$$\hat{\zeta}(s) = \int_0^\infty \varphi(t) t^{\frac{s}{2}} \frac{dt}{t},$$

$$\varphi(t) = \sum_{n=1}^\infty e^{-\pi n^2 t}$$

から出発します．ここで，$\varphi(t)$ はテータ関数（テータ級数）

$$\vartheta(z) = \sum_{n=-\infty}^\infty e^{\pi i n^2 z}$$

($z$ は上半平面 $H$ の変数) によって
$$\varphi(t)=\frac{\vartheta(it)-1}{2}$$
となっています．この $\vartheta(z)$ は重さ $\frac{1}{2}$ の保型形式で
$$\vartheta\left(-\frac{1}{z}\right)=\sqrt{\frac{z}{i}}\,\vartheta(z)$$
という変換公式をみたしています．とくに，
$$\begin{aligned}\varphi\left(\frac{1}{t}\right)&=\frac{1}{2}\vartheta\left(i\frac{1}{t}\right)-\frac{1}{2}\\&=\frac{1}{2}\vartheta\left(-\frac{1}{it}\right)-\frac{1}{2}\\&=\frac{1}{2}\sqrt{t}\,\vartheta(it)-\frac{1}{2}\\&=\frac{\sqrt{t}}{2}(2\varphi(t)+1)-\frac{1}{2}\\&=t^{\frac{1}{2}}\varphi(t)+\frac{1}{2}t^{\frac{1}{2}}-\frac{1}{2}\end{aligned}$$
となります．整理すると
$$\varphi(t)=t^{-\frac{1}{2}}\varphi\left(\frac{1}{t}\right)+\frac{1}{2}t^{-\frac{1}{2}}-\frac{1}{2}$$
です．

したがって，
$$\hat{\xi}(s)=\int_1^\infty \varphi(t)t^{\frac{s}{2}}\frac{dt}{t}+\int_0^1 \varphi(t)t^{\frac{s}{2}}\frac{dt}{t}$$
と書いたとき
$$\begin{aligned}\int_0^1 \varphi(t)t^{\frac{s}{2}}\frac{dt}{t}&=\int_0^1\left(t^{-\frac{1}{2}}\varphi\left(\frac{1}{t}\right)+\frac{1}{2}t^{-\frac{1}{2}}-\frac{1}{2}\right)t^{\frac{s}{2}}\frac{dt}{t}\\&=\int_0^1 \varphi\left(\frac{1}{t}\right)t^{\frac{s-1}{2}}\frac{dt}{t}+\frac{1}{2}\int_0^1 t^{\frac{s-1}{2}}\frac{dt}{t}-\frac{1}{2}\int_0^1 t^{\frac{s}{2}}\frac{dt}{t}\\&=\int_0^1 \varphi\left(\frac{1}{t}\right)t^{\frac{s-1}{2}}\frac{dt}{t}+\frac{1}{s-1}-\frac{1}{s}\end{aligned}$$

となります．さらに，
$$\int_0^1 \varphi\left(\frac{1}{t}\right) t^{\frac{s-1}{2}} \frac{dt}{t} = \int_1^\infty \varphi(t) t^{\frac{1-s}{2}} \frac{dt}{t}$$
です（積分変数を $t$ の代りに $1/t$ におきかえる）ので，
$$\hat{\xi}(s) = \int_1^\infty \frac{\vartheta(it)-1}{2}(t^{\frac{s}{2}} + t^{\frac{1-s}{2}}) \frac{dt}{t} + \frac{1}{s-1} - \frac{1}{s}$$
という積分表示を得ます．$\vartheta(it)-1$ が $t \to \infty$ のときに急減少関数であることに注意しますと，この積分表示はすべての複素数 $s$ に対して成立する式ですので，$\hat{\xi}(s)$ の有理型関数としての解析接続を与えているということになります．極は $s=0,1$ における 1 位の極のみです：
$$\hat{\xi}(s) = \frac{Z(s)}{s(s-1)},$$
$Z(s)$ は正則関数で $Z(1-s) = Z(s)$.

このように考えて来ますと

(4) テータ関数 $M = \vartheta(z)$ は，$\zeta(s)$ を構成し解析接続と関数等式まで与える力を持っているということになります．リーマン予想については無理なのでしょう．

## 12.2　保型形式のゼータは正しい名前か

上で述べたリーマンの関数等式の証明法は保型形式のゼータへと発展しました．そのきっかけは，1916 年にラマヌジャンがラマヌジャン $\Delta$（重さ 12 の保型形式）

$$\Delta(z) = e^{2\pi i z} \prod_{n=1}^\infty (1 - e^{2\pi i n z})^{24}$$
$$= \sum_{n=1}^\infty \tau(n) e^{2\pi i n z}$$

から新しいゼータ

$$L(s, \Delta) = \sum_{n=1}^{\infty} \tau(n) n^{-s}$$

を構成し，オイラー積表示

$$L(s, \Delta) = \prod_{p:\text{素数}} (1-\tau(p)p^{-s}+p^{11-2s})^{-1}$$

を予想したことです．このゼータは，1929年にウィルトンによって

$$\hat{L}(s, \Delta) = (2\pi)^{-s} \Gamma(s) L(s, \Delta)$$

の積分表示

$$\hat{L}(s, \Delta) = \int_1^{\infty} \Delta(it)(t^s + t^{12-s}) \frac{dt}{t}$$

を与えられました．その証明は，$\Delta$ の保型性

$$\Delta\left(-\frac{1}{z}\right) = z^{12} \Delta(z)$$

を用いるとリーマンの場合と全く同様です：

$$\begin{aligned}
\hat{L}(s, \Delta) &= \int_0^{\infty} \Delta(it) t^s \frac{dt}{t} \\
&= \int_1^{\infty} \Delta(it) t^s \frac{dt}{t} + \int_0^1 \Delta(it) t^s \frac{dt}{t} \\
&= \int_1^{\infty} \Delta(it) t^s \frac{dt}{t} + \int_0^1 \Delta\left(i\frac{1}{t}\right) t^{-12} \cdot t^s \frac{dt}{t} \\
&\quad [\Delta(it) = \Delta\left(i\frac{1}{t}\right) t^{-12} \text{ を用いた}] \\
&= \int_1^{\infty} \Delta(it) t^s \frac{dt}{t} + \int_1^{\infty} \Delta(it) t^{12-s} \frac{dt}{t} \\
&= \int_1^{\infty} \Delta(it)(t^s + t^{12-s}) \frac{dt}{t}.
\end{aligned}$$

今回は極は出ませんので，リーマンの場合よりむしろ簡単です．

　ここでは重さ12の $\Delta(z)$ から出発したので $s \longleftrightarrow 12-s$ という関数等式

$$\hat{L}(12-s, \Delta) = \hat{L}(s, \Delta)$$

になっています．一般には，重さ $k$ の保型形式の場合には $s \longleftrightarrow k-s$ という関数等式になります．振り返ってみますと，重さ $\frac{1}{2}$ の $\vartheta(z)$ から得られるリーマンの積分表示が $s \longleftrightarrow \frac{1}{2}-s$ という関数等式でないのは，変数 $s$ の扱いにあります．そこでの $s$ を $2s$ におきかえると

$$\hat{\zeta}(2s) = \int_1^\infty \frac{\vartheta(it)-1}{2}(t^s + t^{\frac{1}{2}-s})\frac{dt}{t} + \frac{1}{2s-1} - \frac{1}{2s}$$

となって，こちらはより自然な関数等式 $s \longleftrightarrow \frac{1}{2}-s$ となります．要するに $\vartheta(z)$ に対応するゼータは $\zeta(2s)$ が本当だったのです．

このようにして，保型形式を $M$ とすると $M$ のゼータとして解析接続・関数等式は得られることがわかります．すると，これが正解なのでしょうか？ つまり，$\zeta(s)$（あるいは $\zeta(2s)$）の名前は「$\vartheta(z)$」（テータ）なのでしょうか？

もちろん，これが正しいものではない，という意見には根強いものがあります．その最大の理由は，リーマン予想が保型形式のゼータという捉え方からは証明できていない，というところにあります．つまり，「$M$ によってすべてが説明できる」という要件を（少なくとも今までの150年以上）みたしてはいないわけです．

## 12.3 ガロア表現という名前

リーマンの方法をガロア表現

$$\rho : \mathrm{Gal}(\overline{\mathbb{Q}}/\mathbb{Q}) \longrightarrow GL(n, \mathbb{C})$$

から作られるゼータ

$$L(s,\rho) = \prod_{p:素数} \det(1-\rho(\mathrm{Frob}_p)p^{-s})^{-1}$$

($\mathbb{C}$ の代わりに $l$ 進版 $\mathbb{C}_l$ などでも) に拡張することは出来ていません．一方，保型形式・保型表現 $\pi$ のゼータ $L(s,\pi)$ に対してリーマンの方法を拡張することは (ほぼ) できていました．そこで考えられたのが，ガロア表現のゼータ $L(s,\rho)$ はある保型形式・保型表現のゼータ $L(s,\pi)$ と一致する

$$\boxed{L(s,\rho) = L(s,\pi)}$$

というラングランズ予想です．そうだったとして，では，$\rho$ と $\pi$ という名前のどちらがこのゼータの本名なのでしょうか？　よく考えてみてください．

## 12.4　セルバーグゼータという模範

希望がすべて満たされている場合があります．それはセルバーグゼータの場合です．セルバーグは 1950 年代にリーマン面 $M$（種数は 2 以上）のセルバーグゼータ

$$\zeta_M(s,r) = \prod_{P \in \mathrm{Prim}(M)} \det(1-r([P])N(P)^{-s})^{-1}$$

を構成し，解析接続・関数等式・リーマン予想を証明しました．ここで，

$r : \pi_1(M) \longrightarrow GL(n,\mathbb{C})$，

$\mathrm{Prim}(M)$ は $M$ の素閉測地線全体，

$[P] \in \mathrm{Conj}(\pi_1(M))$：$P$ の定めるホモトピー類

です．このときの，解析接続・関数等式・リーマン予想はすべて $M$ に対するセルバーグ跡公式から証明されます．それは，前回取り上げましたが，誘導表現

$$R = \mathrm{Ind}_{\pi_1(M)}^{SL(2,\mathbb{R})}(r)$$

の既約分解の話です．既約成分（既約因子）ごとに $\zeta_M(s,r)$ の極・零点が対応していて，リーマン予想まで得られます．

セルバーグゼータは $(M,r)$ という組のゼータ——基盤としてはリーマン面 $M$——になっていて，それによって $\zeta_M(s,r)$ に対して「すべて」のことが説明されます．

この意味で，セルバーグゼータの名前は「リーマン面のゼータ」（拡張すると「局所リーマン対称空間のゼータ」）という見事な正解が得られている，と考えられます．

なお，セルバーグゼータとしては，セルバーグ自身が考えたリーマン面の場合のみ述べましたが，もっと簡単な基本となる場合も書いておきましょう．それは円のときです．

円 $C$ に対して長さ（円周長）を $l = l(C)$ とし（半径は $l/2\pi$ です），$N(C) = e^l$ とおきます．また，長さ $l$ の円 $C$ を $C(l)$ とも書くことにしましょう．数学の標準的な書き方では

$$C = S^1\left(\frac{l}{2\pi}\right)$$

ということになります：$S^1$ が円を表し，$l/2\pi$ が半径になっているという意味です．

このとき，$C$ のセルバーグゼータを
$$\zeta_C(s) = (1 - N(C)^{-s})^{-1}$$
$$= (1 - e^{-ls})^{-1}$$

とおきます．これは

$$\begin{cases} (1)\ \text{オイラー積} \\ (2)\ \text{解析接続・関数等式} \\ (3)\ \text{リーマン予想} \end{cases}$$

をみたしています．しかも，その証明もすべて $C$ の話のみでできます．実際, (1) はオイラー積の因子が 1 個のみのオイラー積ですし, (2) は

$$\zeta_C(-s) = (1-N(C)^s)^{-1}$$
$$= -N(C)^{-s}(1-N(C)^{-s})^{-1}$$
$$= -N(C)^{-s}\zeta_C(s)$$
$$= -e^{-ls}\zeta_C(s)$$

となります．また, (3) は

$$\zeta_C(s) = \infty \ (\text{極}) \ \text{なら} \ \text{Re}(s) = 0$$

という形です．さらに，行列式表示

$$\zeta_C(s) = \det(s-D_C)^{-1}$$

も作用素

$$D_C = \frac{d}{dx} : L^2(C) \longrightarrow L^2(C)$$

によって可能です．ここで，

$$C \cong [0, l]$$

と同一視して $[0, l]$ の変数を $x$ にしています．$D_C$ のスペクトル (固有値) は

$$\text{Spect}(D_C) = \frac{2\pi i}{l}\mathbb{Z}$$
$$= \left\{\frac{2\pi i}{l}m \ \middle| \ m \in \mathbb{Z}\right\}$$

です．固有値 $2\pi im/l$ に対する固有関数としては $e^{2\pi imx/l}$ がとれます：

$$D_C e^{\frac{2\pi imx}{l}} = \frac{d}{dx}e^{\frac{2\pi imx}{l}}$$
$$= \frac{2\pi im}{l}e^{\frac{2\pi imx}{l}}.$$

正規積を計算することによって

$$\det(s-D_C) = \prod_{m=-\infty}^{\infty}\left(s-\frac{2\pi i}{l}m\right)$$
$$= 1-e^{-ls}$$

*181*

となります．

　さらに，表現付のゼータも考えられます．基本群
$$\Gamma = \pi_1(C) \cong \mathbb{Z}$$
の表現
$$r : \Gamma \longrightarrow U(n)$$
に対して
$$\zeta_C(s, r) = \det(1 - r(1)N(C)^{-s})^{-1}$$
とします．ただし，1 は $\mathbb{Z}(\cong \Gamma)$ の生成元です．このとき

$$\begin{cases} (1) \ \text{オイラー積} \\ (2) \ \text{解析接続・関数等式} \\ (3) \ \text{リーマン予想} \end{cases}$$

や行列式表示も全く同様です．行列式表示は誘導表現 $\mathrm{Ind}_{\mathbb{Z}}^{B\mathbb{Z}}(r)$ の既約分解から説明されるというところも，セルバーグゼータの一般の場合と同じです．

　このように「円のセルバーグゼータ」(円のゼータ) という名前が正しいものであることが確認できます．また，一般のセルバーグゼータも，円のセルバーグゼータの積

$$\zeta_M(s) = \prod_{C \in \mathrm{Prim}(M)} \zeta_C(s)$$

という形になっていることに注意しておきましょう．


## 12.5　ゼータという名前はどうか

　ようやく，$\zeta(s)$ の真の名前を与える $M$ は何か，という問題に解答を与える段取りになるのですが，それは読者の楽しみにとっておきましょう．もちろん，その答えはリーマン予想の解決も導きます．

> **練習問題**　次の □ を埋めよ．
>   リーマンゼータ $\zeta(s)$ の真の名前は □ である．

　ところで，ここで考えたいことは，それと同様に重要な問題と思われる次のことです：**ゼータは正しい名前か？**

　これは，正しくない名前であることは明らかです．そのことは，1859年のリーマンの論文を読んでいただければすぐわかります．リーマンはオイラーの等式

$$\prod_{p:素数}(1-p^{-s})^{-1} = \sum_{n=1}^{\infty} n^{-s}$$

から出発し（左と右は，リーマンでは，この位置です），その表す関数を「$\zeta(s)$」と書いたのです．［リーマンの論文の手書き版は無料でダウンロードできますので，確認するのにおすすめです．］

　その「ゼータ」は，たぶん，解析接続を $\vartheta(z)$ を用いてやったことが背景にあって「テータ $\vartheta$」から「ゼータ $\zeta$」を思いついたのでしょう．いずれにしましても，「ゼータ」という名前には何の意味もありません．当座の名付けです．それが，今日まで反省もされず踏襲されてきたのは，残念でふがいないことです．これはもちろん，自己批判でもあります．

　この問題は，「ゼータ」によって何を指すのか──指そうとしたのか──という問題にも深く関係しています．そこが決まらないかぎり名付けもしようがないとも言えます．通常では，「ゼータ」の性質として

$$\begin{cases} (1)\ オイラー積表示 \\ (2)\ 関数等式 \\ (3)\ リーマン予想 \end{cases}$$

をみたすものを暗黙のうちに要望していたのでしょう．それで良いのか，という問題です．

## 12.6　分配関数という名前

分配関数というものが物理にあります．数学のゼータ関数に対応するものです．「数学はゼータ関数の研究で，物理は分配関数の研究」というわかりやすい言葉もあります．詳しくは次の本を読んでください：

　　黒川信重・小山信也『リーマン予想の数理物理：ゼータ関数と
　　分配関数』サイエンス社，2011年．

分配関数は英語では partition function です．この英語は「分割数 partition function」と全く同じでいただけない状態です．ドイツ語では Zustandssumme です．その日本語訳は「状態和」(英語訳は state sum) です．実際の名前は，このドイツ語が起源で，記号も頭文字の $Z$ から

$$Z_H(\beta) = \sum_n e^{-\beta E_n}$$

です．ここで，$H$ はハミルトニアン，$E_n$ はエネルギーをわたり，

$$\beta = \frac{1}{k_B T}$$

　　($k_B$ はボルツマン定数，$T$ は絶対温度)

です．この名前"Zustandssumme"と記号"$Z_H(\beta)$"(今は量子力学版を考えています) は模範とすべきもので，内容が良くわかります．偶然，ゼータと記号は同じですが，ゼータの場合は "$Z$" の指し示す意味内容 ($Z$ を頭文字とする単語と理由) がなく恥ずかしい限りです．

## 12.7 数力

簡潔に結論を述べましょう．ゼータを「数力」(スウリキ，スウリョク)と呼びたいと思います．本書でもときどき使って来ました．本章の各節の最初も「ス」「ウ」「リ」「キ」「ヨ」「ブ」(§12.1〜§12.6 の順)となっていました．ドイツ語では Zahlenkraft がピッタリ来そうです．すると $Z(s)$ を継続して使えます．英語版は，たとえば，Numberforce くらいでしょうか．

この「数力」は，絶対ゼータをどう呼べば良いかを考えているうちに至った名前です．絶対ゼータはディリクレ級数表示やオイラー積表示を持っていないために，普通の意味では「ゼータ」ではありません．

絶対ゼータの典型的なものは
$$\boldsymbol{a} = (a_1, \cdots, a_r) \quad (a_1, \cdots, a_r > 0)$$
に対する
$$\zeta_{\boldsymbol{a}}(s) = \prod_{I \subset \{1,\cdots,r\}} (s - \boldsymbol{a}(I))^{(-1)^{|I|-r+1}}$$
です．ここで，
$$\boldsymbol{a}(I) = \sum_{i \in I} a_i$$
です．いかにも数たちが引きあっているように思えます．たとえば，
$$\zeta_{(\frac{1}{2}, \frac{1}{2})}(s) = \frac{(s - \frac{1}{2})^2}{s(s-1)}$$
は，完備リーマンゼータ
$$\hat{\zeta}(s) = \zeta(s) \pi^{-\frac{s}{2}} \Gamma\left(\frac{s}{2}\right) = \frac{Z(s)}{s(s-1)}$$
の「おもちゃ版」です．

ゼータを超えて数力関数論への進展の時に至りました．

# 第13章
## ゼータの旅立ち：リーマン予想の解き方

これまでゼータの冒険と進化を見てきましたが，いよいよ最終章の第13章を迎えました．本章では，これまでの話をリーマン予想周辺を中心に簡単に振り返りつつ，ゼータのこれから進む道を考えましょう．それは，ゼータ研究の進む道でもあります．

## 13.1 第13章という意味

誰でも知っていることですが，ユークリッド『原論』は紀元前500年頃から蓄積されたピタゴラス学派の教科書を基盤にまとめたものです．ユークリッドは紀元前300年頃にアレクサンドリア図書館（現在のエジプト）にこもって，ピタゴラス学派の教科書を中心とする膨大な資料を駆使して『原論』という教科書を書き上げました．

その内容は数論から幾何学まで幅広いものです．数論では「素数」の定義を与え「素数は無限個存在する」という大定理（第9巻命題20）を証明しました．幾何学では直角三角形の「ピタゴラスの定理」（日本では，どういうわけか「三平方の定理」という不思議な名前がついていますが，日本以外では，まず，通用しませんのでやめてほしいものです）を証明（第1巻命題47）し，最後に，第13巻命題18にて，正多面体が5個しかないことを証明しています．2300年後の現在でも教科書として充分に使えるものです．

すこし，その当時の雰囲気を味わうために，いくつか表現を抜き出し

て再現しておきましょう（ユークリッド『原論』：中村・寺阪・伊藤・池田訳，共立出版，〔　〕は筆者注）．

第1巻
　定義1　「点とは部分をもたないものである．」
　定義2　「線とは幅のない長さである．」
　定義3　「線の端は点である．」
　命題47　「直角三角形において直角の対辺の上の正方形は直角をはさむ2辺の上の正方形の和に等しい．」〔ピタゴラスの定理〕
　命題48　「もし三角形において1辺の上の正方形が三角形の残りの2辺の上の正方形の和に等しければ，三角形の残りの2辺によってはさまれる角は直角である．」〔ピタゴラスの定理の逆〕

第7巻
　定義12　「素数とは単位 (1) によってのみ割り切られる数である．」
　命題32　「すべての数は素数であるかまたは何らかの素数に割り切られる．」〔素因数分解〕

第9巻
　命題20　「素数の個数はいかなる定められた素数の個数よりも多い．」〔素数は無限個〕

第12巻
　命題10　「すべての円錐はそれと同じ底面，等しい高さをもつ円柱の3分の1である．」〔円錐の体積を与えるデモクリトスの定理〕

ちなみに，昔の高校では第9巻命題20は背理法による証明の恰好の題材として活用されていました．残念ながら，『原論』の証明は背理法ではありません．それは，どんどんと新たな素数を構成して行く方

法です．まず，素数を一つ取って，それを $P$ とします．次に，$P+1$ の最小素因子を $Q$ とします．あとは，これを続けるだけです．素数 $P, Q, \cdots, R$ が得られたら，全部を掛けて 1 を足した $PQ \cdots R+1$ の最小素因子 $S$ を取ります．このようにして，$P, Q, \cdots, R, S$ という相異なる素数列が得られます．これを続ければ，無限個の素数が得られるわけです．たとえば，素数 2 からはじめると，簡単な計算で $2, 3, 7, 43, 13, \cdots$ となります．ここで，13 がでてくるのは，

$$2 \cdot 3 \cdot 7 \cdot 43 + 1 = 1807 = 13 \cdot 139$$

となるからです．この巧妙なトリックをクロトンに集っていたピタゴラス学校・研究所の誰が考え付いたものか，2500 年の昔の出来事に驚きます．さらに，いまでてきた『$2, 3, 7, 43, 13, \cdots$ という素数の列にすべての素数が出てくる』と予想されていますが，未解決の難問です．

このように見ていると現代までの二千年を超える時空の間隔が一瞬のうちに過ぎてしまいます．そのころからどれくらい人間が進歩したのか疑問です．退歩でしょうか．素数が無限個ある証明や素因数分解は，オイラー積やゼータを生みました．現代生活で重要な情報セキュリティの鍵は素因数分解の困難さに頼っています．素因数分解が簡単に行えれば（量子コンピューターは，その候補です），あるいは，「素数がすっかりわかってしまう」と，安全性の再考が急務です．

第 12 巻命題 10 がデモクリトスの定理であることは，紀元前 220 年頃に書かれたアルキメデスの『方法』から知ることができます．アルキメデスの『方法』は，アルキメデスがアレクサンドリア図書館長のエラトステネスに宛てた手紙でした．存在したことだけは伝わっていたのですが，行方や内容は一向にわかりませんでした．それが，1906 年にトルコのイスタンブール（コンスタンチノープル）の僧院にて写本が発見されて，センセーションを巻き起こしたわけです．この『方法』によって，

## 第13章 ゼータの旅立ち：リーマン予想の解き方

デモクリトスに起源をもつ積分計算の内容が判明しました．デモクリトスは原子を考えると同時に無限小への分解を考察して体積計算に至りました．アルキメデスはデモクリトスの方法を発展させました．現代では，アルキメデスの体積や重心計算は，アルキメデスから2200年経った大学生には難し過ぎるとして試験には出せないものが多いという事実は，文明の退歩を示すようで，悲しいことです．

この2300年前に書かれた『原論』の最終巻が第13巻です．なお，この「巻」は現在での「章」と考えるのが妥当です．『原論』全13巻は現在では，ちょうど，普通の一冊本の長さです．上で引用した日本語訳も手に取りやすい一冊本の『原論』になっていますので，ぜひ読んでください．ギリシャの数学レベルの高さが実感できます．

よく間違えられるのですが，ギリシャ時代の数学の中心地は，現在のギリシャではありませんでした．それは，紀元前500年頃にピタゴラス学校・研究所があったクロトンです．クロトンは現在のイタリア半島の南岸の港町クロトーネとなっています．いまも，クロトーネの広場では，朝から人々が集まり議論の輪が広がっているのを見かけることができます．また，ピタゴラス学校・研究所のあったと思われるところにはヘラ神殿の跡が残っていて昔を偲ばせてくれます．

ヘラ神殿への長い弓形の海岸線を歩いていると，2500年の昔にピタゴラス学校・研究所の人たちが歩きながら熟考しているのを見かける思いがします．その向こうはイオニア海の青い海原が広がっています．イタリア南部の，この地域は，その当時，マグナ・グラエキア（大ギリシャ）と呼ばれていたところです．現在のギリシャ（「大ギリシャ」に対して「小ギリシャ」と呼ばれていた）ではありませんので，くれぐれも注意してください．

さて，このユークリッド『原論』全13巻にならって，現代の『原論』

を構想した人がいます．それが，アレクサンドル・グロタンディークで，彼の『代数幾何学原論（EGA）』は1960年に代数幾何学をスキーム論によって革新するための第1巻の出版が開始されました．それは，ユークリッドと同じく，全13巻の構成でした：

第1巻　スキーム言語
第2巻　射の大域的研究
第3巻　連接層のコホモロジー的研究
第4巻　スキームと射の局所的研究
第5巻　スキーム構成の基礎
第6巻　降下法，スキームの一般構成法
第7巻　群スキーム，主ファイバー空間
第8巻　ファイバー空間の微分研究
第9巻　基本群
第10巻　留数と双対性
第11巻　交叉理論，チャーン数，リーマン・ロッホの定理
第12巻　アーベル・スキームとピカール・スキーム
第13巻　ヴェイユ・コホモロジー．

　最終巻の第13巻において有限体上のリーマン予想（ヴェイユ予想）をヴェイユ・コホモロジーを用いて証明するという目標でした．残念ながら，『代数幾何学原論』は，第4巻までしか出版されず，第5巻以降は未完成となっています．これが完成すると，ヴェイユ予想を含む巨大な「グロタンディークの標準予想」の証明も完成するはずでした．ただし，『代数幾何学原論（EGA）』を補完する『代数幾何学セミナー

（SGA）』がグロタンディークと協力者によって1960年代に刊行され，ヴェイユ・コホモロジーに当たる「エタール・コホモロジー」はSGA4(1964)において完成し，有限体上のゼータ（合同ゼータ）の行列式表示はSGA5(1965)で証明されました．

さて，現実の数学史に戻りますと，ヴェイユ予想そのものはグロタンディークの弟子のドリーニュによって1974年に証明されました．その方法は，グロタンディークの考えたもののヴェイユ予想に特化した短縮版になっていて，「グロタンディークの標準予想」は現在も未証明です．ドリーニュがヴェイユ予想を解いたと聞いたグロタンディークが当然「グロタンディークの標準予想」まで解いたと思ったのに，実際はヴェイユ予想しか解いてなかったと知って失望したというのは有名な話です．

このような次第ですので，第13章は常に重要な最終章です．われわれの第13章も，せめてリーマン予想の証明で締めくくらなければなりません．その前にいくつかの注意が要りましょう．

## 13.2 リーマン予想を解く作法

お茶に作法があるように，リーマン予想解決にも作法があります．研究一般について言えることですが，研究とは

(1) 研究テーマを決める

(2) 研究を実行する

(3) 研究結果を論文として発表する

という同じ重みをもつ三段階からなります．

最初の「テーマ決め」は簡単そうですが，これも，ほかの二つと同等

の重みがあります．たとえば，リーマン予想の場合では，「研究テーマは『リーマン予想』で決まり」と思われますが，実際には，どの程度のリーマン予想を解くのかによって変わってきます．先ほど見たように，ドリーニュのようにヴェイユ予想（有限体上のリーマン予想）にするのか，あるいは，グロタンディークのようにもっと深く標準予想まで含めるのかという選択にしても，かかる時間が違ってきます．生きているうちに解きたければ，必然的に，時間との兼ね合いになります．

次の「研究実行」については，あまり説明は要らないでしょう．この研究実行では，研究の進展具合によって，ある程度の進路変更も出てきます．思っていたところに宝物が埋まっていないときは，数十年の適当な時点であきらめるわけです．

最後の「研究発表」は，最近のSTAP細胞の事例でも顕著なように，充分の事前準備をしてから論文発表に臨まないといけません．リーマン予想の証明ができたと発表してから，記者会見で，「ほかでは証明が再現できないのですが，どうなってるのですか？」などとつまらない質問を受けて，「充分な実力が無いからでしょう」と本音を言えばもっと批難を浴びそうです．すると「リーマン予想の証明はあります．200回証明しました．ノートも2冊あります．」などと返答することになるかもしれません．そんなことに時間をとられているうちに，別のところではもっと研究が進んでいるのです．順調に研究が進められるように，対応を考えておかねばなりません．

## 13.3 リーマン予想を解く前に

そのためには，リーマン予想を解く前の準備が必要です．難問への挑戦は，後のことをよく考えておかないと，一生を台無しにしてしまいま

す．それほどの難問でなくても，少なくとも解決が本当だとすれば注目を集めるような問題・予想に関しては似たようなことが言えます．それは，解決の際には

(1) なぜ，ほかの人ではなく，その人が解決できたのか？

(2) なぜ，これまで解決できなかったのに，こんどはできたのか？

(3) なぜ，解決できたとわかるのか？

という基本三条項に，適当に，こたえなければなりません．

どれも，力もないやつにいま解けるわけがない，という真っ当な感情への応えです．それを説明しないと，これまで苦労してやってきた人々が浮かばれないでしょうし納得しないでしょう．と言われても，浮かばれないのは時の運ですので，どうしようもないのですが．対処法としては，次の三つを挙げておきます：

● 前から論文をできる限り多く出版しておくこと．もちろん，本命問題のやさしそうな部分の解決を含んでいると，なお，説得力があります．

● 今回の方法が新しい点を明快に説明する．新しい方法でないと，自分もできたのに，という錯覚とジェラシーを引き起こすのでだめです．何が難しくて，どうクリアできたのかを説得しないといけません．基本的には，競争者に諦めてもらう儀式です．

● 方法が独自で強力であることを実証する．それには，ほかの問題にも応用して軽く解いて見せると良いでしょう．

たとえば，ABC 予想の証明を 2012 年 8 月に，ホームページに 512 ページの論文として発表した望月新一さんの論文に関しては，独自の数学言語を開発して書かれていて難解との定評はあり判定に時間がかか

ってはいるものの，自分もできたのに，という言葉は聞かれません．一方，小保方晴子さんのSTAP細胞論文は，誰でもできる簡単な方法という印象を与えすぎた結果，ジェラシーを引き起こして騒動になりました．

このように，事前の準備をしっかりと行っておかないと，インタビュー攻めにあう羽目になります．ただし，他人は本当に正確なことを聞きたいわけではありません．それなら何十年も無視することなんて有りえません．あくまでも野次馬ですので，そのように心して対応することが必要です．何十年も考えて来たようなことを，初めて聞くような人に説明するのは，もともと無理です．くれぐれも時間の浪費をせず，研究続行が第一です．もっとも，そのためには「問題が解決できた」と発表しなければ騒ぎにもならず大丈夫です．自分だけが詳細を知っているというのも楽しいものです．論文が見つかっても，どこかにタイムマシンで届いていた論文という扱いで良いでしょう．それ以上は質問されないでしょう．

## 13.4 リーマン予想を解いたとき

したがって，兎にも角にも，リーマン予想を解いたときにどうなってくるかは，リーマン予想解決自体より深く考えねばなりません．そのためには，

黒川信重「リーマン予想が解けて」『数学セミナー』2001年1月号［黒川　編著『リーマン予想がわかる』日本評論社，2009年，に再録］(参考文献〔2〕)

がリーマン予想解決の第一報直後を扱っていて良い省察を与えてくれる

ことでしょう．どうも，一般には，リーマン予想が解けた状況を現実的と思えないせいか，この記録が唯一のもので，残念で寂しい状況だったのですが，幸いなことに，最近のイギリス小説

> マット・ヘイグ（Matt Haig）『人類（The Humans）』Canongate Books Ltd, 2013 年（参考文献〔3〕）

に救われました．これは，2014 年 5 月 1 日に発表のエドガー賞（エドガー・アラン・ポー記念賞）にノミネートされていましたが，惜しくも受賞を逸してしまいました．ネタバラシにならない程度に内容に触れますと，ある数学者（イギリスらしくケンブリッジ大学教授になっています）がリーマン予想を解いたために巻き込まれた奇想天外な物語です．イギリス版の表紙が夜空を眺める犬の風景になっていて情感が伝わってきます．（アメリカ版の表紙は大分違います．）地球もリーマン予想を解けるレベルに達したということが，喜びだけではなく，宇宙へと波及する悲しみや不安も含むことが新規な点です．そのような人類の未来については，ヘイグさんの本を手にとり読んでください．

## 13.5 リーマン予想の解き方

本書をここまで読み進めてこられた読者には，いまさらリーマン予想の解き方を説明するまでもないかとは思いますが，念のため，書いたことを再録して置きましょう．証明への道には三つあります：

(A) 絶対リーマン予想への帰着

(B) 量子リーマン予想への帰着

(C) 深リーマン予想への帰着．

これらを『三道』と呼びます．どれも，『数学研究とは適切なゼータを発見すること』という格言を実行して，絶対ゼータ・量子ゼータ・超収束ゼータに至ったものです．それぞれについては，すでに詳述しましたので，場所をあげれば充分でしょう：

(A) 絶対リーマン予想 (6.6 節, 9.4 節) と絶対誘導 (11.5 節, 11.6 節)．

(B) 量子リーマン予想からの古典化 (9.7 節)．

(C) 深リーマン予想による明察 (5.7 節)．

　絶対リーマン予想に関しましては，

　　　黒川信重『現代三角関数論』岩波書店，2013 年 (参考文献〔8〕)

に詳しく書かれています：第 9 章「絶対ゼータ関数」218 ページ〜261 ページ．この本は，表題は『現代三角関数論』となっていますが，読んでいただければわかる通り，『現代三角関数＝絶対ゼータ』が結論です．本のタイトルに騙されないことが肝要です．三十年前の研究の最初から，「黒川テンソル積・絶対ゼータ・多重三角」は同一根のものでした．これは，ゼータ長期計画 (10.2 節) の一環です．

　量子リーマン予想から古典化の背景にあるのは黒川テンソル積 (一元体上のテンソル積) の考えです．これも，

　　　N.Kurokawa "On some Euler products I" Proc. Japan Acad. 60 A (1984) 335-338

といった 1980 年代からの研究ですので，30 年経っています．黒川テンソル積に関しては『現代三角関数論』の第 8 章「黒川テンソル積」205 ページ〜217 ページを読んでください．

## 第13章 ゼータの旅立ち：リーマン予想の解き方

深リーマン予想（DRH）はリーマン予想を納得するのにとても良い道です．たとえば，5.7節の終わりの例は，中心$1/2$でのオイラー積が収束するという「超収束ゼータ」（もともと，収束が期待できない領域での話です）を指しています．これが，本来の深リーマン予想です．この収束さえ確認すれば「リーマン予想（RH）：すべての非自明零点の実部が$1/2$」が導かれます．パソコンが普及した現代に最適の確認法です．つまり，無限個の零点に関する言明（これまでは，計算するには，一個ずつ計算した結果を確かめるしかなかった）が，たった一個のオイラー積の収束からわかるのです．このオイラー積を$3/4$におけるものにすると，よりやさしいもの「半深リーマン予想（1/2DRH）」になり収束も急激に良くなりますが，それから「半リーマン予想（1/2RH）：実部が$3/4$より大きな非自明零点は存在しない」がでます．フィールズ賞の狙い目です．

深リーマン予想の世界初の教科書は

黒川信重『リーマン予想の先へ』東京図書，2013年（参考文献〔4〕）

です．そこには，有限体上版の深リーマン予想の証明も含まれています．また，

黒川信重『リーマン予想の探求』技術評論社，2012年（参考文献〔5〕）

は深リーマン予想のやさしい解説です．深リーマン予想の論文としては

T.Kimura, S.Koyama and N.Kurokawa "Euler products beyond the boundary"〔限界を超えたオイラー積〕Letters in Mathematical Physics 104 (2014) 1-19

を読んでください．

中学生から手にとれるように書かれている

　　黒川信重『リーマン予想を解こう』技術評論社，2014年（参考文献〔1〕）

が各家庭に普及すれば，誰でも証明できる世の中になるのでしょう．実際，中学生がこの本を熱心に立ち読みしていて感心した，という感想を読みましたので，日本の未来も明るいかも知れません．

## 13.6　リーマン予想が解けて

　このように，リーマン予想を周到に解いた暁には，ゼータは次の段階へと進みます．それが，絶対ゼータ・数力の全面的に展開する世界です．もっとも，ここで述べたことを素直に聞き入れるような態度では，未開の大地を開拓はできないでしょう．自分の頭で何年も何十年も考えるのが肝要です．信用できるのはそれだけです．他人に意見を聞くなんてことをしてはいけませんし，誰にも頼ってはいけません．

　いずれにしましても，ゼータは，じれったい人類のゼータ研究進展に業を煮やして，21世紀初頭に絶対ゼータ・数力にまで進化したところです．

## 参考文献

[1] 黒川信重『リーマン予想を解こう』技術評論社, 2014年.
[2] 黒川信重「リーマン予想が解けて」『数学セミナー』2001年1月号 33-37
　［黒川信重　編著『リーマン予想がわかる』日本評論社, 2009年, 90-94 に再録］
[3] マット・ヘイグ (Matt Haig)『人類 (The Humans)』Canongate Books Ltd, 2013年.
[4] 黒川信重『リーマン予想の先へ』東京図書, 2013年.
[5] 黒川信重『リーマン予想の探求』技術評論社, 2012年.
[6] 黒川信重『リーマン予想の 150 年』岩波書店, 2009年.
[7] 黒川信重『オイラー，リーマン，ラマヌジャン：時空を超えた数学者の接点』岩波書店, 2006年.
[8] 黒川信重『現代三角関数論』岩波書店, 2013年.

# 付録：絶対数学歌

　昔から日本では「いろはうた」のように48文字を読み込んで手習い歌を作って楽しむ風習があります．そこで，絶対数学を歌にしてみました．

『天地底から来る数力を話し終えて誉むさせぬ
　和の絶へろ黄泉に行けと言ふ間も捻れんや』
（あめつちそこからくるすうりきをはなしおえてほむさせぬ　わのたえへろよみにいけといふまもひねれんや）

　これは，現在の普通に使用している46文字

『あいうえお　かきくけこ　さしすせそ　たちつてと　なにぬねの
　　はひふへほ　まみむめも　やゆよ　らりるれろ　わをん』

を使っています．内容的には11.5節の『絶対導』を上から，『天・地・底』にして，天と地の間を『数』($\Gamma$)，天と底の間を『力』(G) と置き換えたものです．口ずさんで親しんでいただければ本望です．

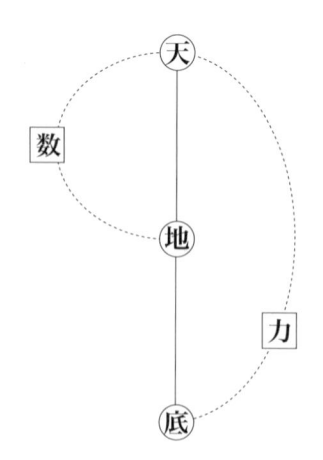

あまり知られていないようですが、『いろはうた』の仲間の手習い歌の最も古いものは西暦900年前頃成立の『あめつちのうた』と言われています．それは

『天地星空山川峰谷雲霧室苔
（あめつちほしそらやまかはみねたにくもきりむろこけ）

人犬上末硫黄猿生ふ為よ榎の枝を馴れ居て』
（ひといぬうへすゑゆわさるおせええなゐ）

という軽快なものです．古人の知恵に驚きます．現在ではユーチューブでボーカロイドの初音ミクさんのさわやかな歌声で楽しむことができます．

『絶対数学の歌』がこの『あめつちのうた』をヒントにしていることはもちろんです．『絶対数学の歌』は，和をやめて積だけにする，という考えを強調しています．さらに，根源にある『底』を導入しているのが絶対数学の特筆すべき点です．絶対数学の普及活動の一助になれば幸いです．

# あとがき

　ゼータの冒険と進化の旅は，いかがでしたか．さらに遠くまで足を延ばしたい，と考えられていることでしょう．

　本書で見た通り，現代数学は適切なゼータを発見するために放浪する，ゼータ探しの旅そのものなのです．まさに，『数学研究とは適切なゼータを発見すること』という格言通りです．数学最大の難問として有名なリーマン予想も『適切なゼータ』が漸く発見されるという段階に至りました．

　本書は，雑誌『現代数学』の 2013 年 4 月号から 2014 年 3 月号までの 12 回連載記事「ゼータから見た現代数学」に，書下ろしの第 13 章を加えて成ったものです．ちょうど，2013 年 4 月号は誌名が創刊時の『現代数学』に戻った記念すべき号でした．それに際して，「ゼータから見た現代数学」という連載を提案してくださった編集長の富田淳さんに深く感謝致します．

　『現代数学』では引き続き連載「ラマヌジャン　数力の発見」を執筆していますので，そちらも読んでいただければ幸いです．ゼータは，そこでも関心の中心に位置しています．ラマヌジャンは奇妙な数学者ではなく，数学の本道に居たのです．本書で紹介した通り，ラマヌジャンは，今から百年前の 1916 年に，数学史上はじめて 2 次のオイラー積をもつゼータ（ラマヌジャン・ゼータ）を発見し，リーマン予想の仲間であるラマヌジャン予想を提出しました．ラマヌジャンの発見した新しいゼータが，フェルマー予想や佐藤テイト予想の解決を導いたのです．ラマヌジャン・ゼータという『適切なゼータ』の発見が遅れたとすると，フェルマー予想の証明もずっと先延ばしになっていたことでしょう．

　最後に，いつもの通り資料の山を作って迷惑をかけている家族，栄子・陽子・素明に感謝します．

2014 年 9 月 18 日〔オイラーの歿後 231 年の日；第九リーマン予想日〕

黒川信重

# 索　引

**数字・記号**

abc 予想　5
BSD 予想　71
BSD 予想原型　71

**ア行**

荒又秀夫　169
アルキメデス　188
アルチン　167
アルチン予想　8, 168
位相空間　99
一元体上の代数　109
一般線形群　48
ウィッテンゼータ　44
円のゼータ　182
オイラー　2
オイラーの積の超収束　116

**カ行**

カシミール力　4
仮想表現　130
ガロア表現　75
関手　48
関数等式　23
完全数　32
環の圏　48
環のゼータ　95
完備リーマンゼータ　23
関手性　163
基本群　107
基本群 R　81
基本群 Z　80

行列式表示　88
極大イデアル　96
グロタンディーク　3
クロトン　188
クロネッカー　167
クロネッカー積　167
ゲルファント　99
原子論　117
圏のゼータ　96
原論　186
黒川テンソル積　54
群の圏　48
群のゼータ　29
ゴールドフェルトの定理　72
合同ゼータ　3, 51, 101
コルンブルム　101

**サ行**

佐藤・テイト予想　3
自然境界　24
深リーマン予想　8
シンプレクティック群　49
ジーゲル・モジュラー群　50
深リーマン予想　75
スーレ　54
水素スペクトル　5
数力　132
スキーム　99
スペクトルゼータ　4
セルバーグ　3
セルバーグ跡公式　3, 165
セルバーグゼータ　3, 43

203

ゼータ　2
絶対数学　6, 109
絶対数学歌　200
絶対ゼータ　44, 53
絶対ゼータの分解・統合　122
絶対導　164
絶対リーマン予想　88
相転移　15
素数　32
素な共役類　43

## タ行

代数幾何学原論　190
代数群のゼータ　44
楕円曲線　47
多重三角関数論　145
玉河数　61
谷山予想　8
適切なゼータ　5
ディリクレ　2
ディリクレL　2
ディリクレの素数定理　68
デモクリトス　117
特殊線形群　48
ドルトン　117

## ナ行

ニルス・ボーア　5

## ハ行

ハイゼンベルグ型群　39
ハッセゼータ　52
波動形式　9
ハラル・ボーア　5

バーチ・スインナートンダイヤー予想　8
バルマー　5
バルマー系列　5
非可換類体論予想　10
ピタゴラス学派　117
ピタゴラスの定理　186
表現論　47
フェルマー素数　24
フェルマー予想　3
ブラウアー　169
フロベニウス　157, 166
分配関数　4, 15
保型形式　47, 160

## マ行

マース　9
マグナ・グラエキア　189
メルセンヌ素数　24
メルテンス　68
メルテンス定理　70
メルテンスの定理　69
モジュラー群　49
モノイド　109

## ヤ行

ユークリッド　186

## ラ行

ラングランズ予想　8
ラマヌジャン　105
ラマヌジャン予想　3
離散型ゼータ　79
リーマン　2
リーマンゼータ　2

リーマン多様体　120
リーマン面　120
リーマン面のゼータ　180
リーマン予想　2
リー・ヤンの円定理　15
量子化と古典化　125
類体論　163
ルクレティウス　117
連続関数環　99
連続型ゼータ　79
類体論　10

著者紹介：
**黒川信重**（くろかわ・のぶしげ）

1952 年生まれ
1975 年東京工業大学理学部数学科卒業
現　在　東京工業大学大学院理工学研究科教授
専　攻　数論

---

## ゼータの冒険と進化

2014 年 10 月 20 日　初版 1 刷発行

|検印省略|

© Nobushige Kurokawa,
2014 Printed in Japan

著　者　　黒川信重
発行者　　富田　淳
発行所　　株式会社　現代数学社
〒 606-8425 京都市左京区鹿ヶ谷西寺ノ前町 1
TEL 075 (751) 0727　FAX 075 (744) 0906
http://www.gensu.co.jp/

印刷・製本　　亜細亜印刷株式会社
装　丁　　Espace／espace3@me.com

ISBN 978-4-7687-1020-3　　　　落丁・乱丁はお取替え致します。